Bernd Balke

Richtig Scharfmachen von Messern

Österreichischer Jagd- und Fischerei-Verlag

Dr. Bernd Balke,
Jahrgang 1961,
ist Hautarzt in Bonn.

Vom Autor sind im Österreichischen Jagd- und Fischerei-Verlag weiters folgende Bücher erschienen:

„Dass es dem Menschen schmeckt, Jäger zu sein"
„Wundrosendüfte"
„Weidgerechtigkeit"
„Glück"

Fotos: Klaus Maue
Grafiken: Helmut Jermer

Verlagsassistenz und Sekretariat: Angela Pleyel

Verlags-Oberschleifer: Michael Sternath
Evabeen stung byad ead Bi? – Mawandmaw Claudideis hanginova OleTown. OleGoofs gonna puttonhis Olew awkaway Boots? Nut shaw, butt guessa cumin closa... - Goddit, Clova?

Repro: Reprozwölf, Wien

Gesamtherstellung: Druckerei Theiss, Sankt Stefan im Lavanttal

ISBN 978-3-85208-160-1

Zum Geleit

Ein stumpfes Messer ist Quälerei. Ein scharfes Messer ist Lust. Welcher Jäger wüsste davon kein Lied zu singen?

Glücklich ist, wer seine Messer noch von Hand schärfen kann. Von Hand. Denn jeder, der viel mit dem Messer arbeitet, hat die Erfahrung gemacht: Schärfgeräte, die scharfe Schneid im Handumdrehen versprechen, taugen nicht viel – eine solche „Schneid" ist im Handumdrehen wieder im Nirwana verschwunden, und, mehr noch, die Klinge ist oft genug ruiniert.

Es führt kein Weg daran vorbei: Ein scharfes Messer muss man sich verdienen. Sauer verdient ist es aber nicht. Denn alles, was man braucht, ist ein bisschen Werkzeug, Wissen und Übung. Ein Weg zu diesem Wissen führt über das Buch „Scharfmachen".

Den Autor, Bernd Balke, kennt man vor allem durch seine jagdphilosopischen Werke. Seine grundlegenden Gedanken über die Jagd sind in mehreren Büchern im Österreichischen Jagd- und Fischerei-Verlag erschienen. Sie gehören längst zum Allgemeingut der Jägergeneration von heute und fehlen in keiner gepflegten Jagdbibliothek. In diesen Büchern geht es um Haltung. Jagd aber besteht nicht nur aus Haltung, sondern vor allem aus Handwerk. Bernd Balke ist in beidem zum Meister gereift.

Mehr denn je braucht unsere Zeit Jäger, die ihr Handwerk verstehen. Ein scharfes Messer gehört unabdingbar zum Jägerhandwerk. Bernd Balke versteht sein Handwerk. Wer ihm durch dieses Buch folgt und sich von anfänglichen Schwierigkeiten nicht die Schneid abkaufen lässt, wird schnell lernen, sein Messer von Hand zu schärfen. Und wird bald merken: Ein scharfes Messer ist nicht nur praktisch, sondern es macht auch verdammt viel Freude!

Michael Sternath,
Österreichischer Jagd- und Fischerei-Verlag

Inhalt

Für Cornelia

Schleiferlied

Der Schleifer ist allzeit ein Mann,
Den man nicht gut entbehren kann,
Weils Vieles gibt, wie Ihr ja wisst,
Was abgestumpft und schartig ist,
Und man sich da nur nutzlos quält,
Wo Schärfe, Schnitt und Rundung fehlt.
…

Karl May

I.
Zunächst …

Das Messer ist *das* Werkzeug des Menschen – überall und schon immer.

Der Mensch ist dem Nebel des Tierseins entstiegen und hatte dabei bereits ein Urmesser in der Hand. Die ältesten bekannten Werkzeuge der Menschheit aus der Olduvai-Schlucht in Tansania sind die sogenannten Geröllgeräte oder Chopper. Dies sind Steine mit künstlichen scharfen Kanten – die ersten Messer.

Das Menschsein hat begonnen mit dem Jägersein und mit dem Benutzen von Werkzeugen zum Zerteilen von Aas und frischem Fleisch. Erst durch die Fähigkeit, die erjagten Großtiere zerstückeln und deshalb transportieren zu können, ist der Mensch sesshaft geworden. Man musste dem Wild nicht mehr nachziehen, sondern konnte die Beute zum schützenden Lager, zum Lager-Feuer tragen. Auch dies soll ein Grund für die Entstehung des menschlichen Gemeinschaftslebens gewesen sein. Das gemeinsame Zubereiten der Beute und das gemeinsame Essen an der Feuerstelle ist unser sozialer Ursprung. Ihn hat erst das Messer ermöglicht.

Ob mit Gewehren, mit Pfeil und Bogen, Fallen oder Falken gejagt wird: Immer braucht der Jäger ein Messer, um aus dem erbeuteten Wild Beute zu machen. Erjagtes Wild gibt kein Nahrungsmittel und auch keine Trophäe ohne die Arbeit mit dem Messer. Das gilt auch heute. Das ist aktuell und nicht Vergangenheit. Jagt also ein Jäger, der nur die Büchse, aber nicht das Messer führt? Ist er dann als Jäger „komplett“? Fehlte dann nicht jener Teil der Jagd, der ursprünglich und heute wesentlich ihr Sinn und Zweck ist: Beutemachen?

Das Messer ist *das* Werkzeug des Jägers.

Merkwürdig, dass im Rahmen der Jägerausbildung dieser Umstand keine Beachtung findet. Wir lernen in der Regel nicht, dieses Werkzeug scharf, also einsatzbereit zu halten. Wir lernen viel über Gewehre und Optik, jedoch nichts über das Abziehen der Klingen. Ein Koch lernt es. Ein Tischler lernt es. Ein Zimmermann lernt es. Wir Jäger, zu deren Kernkompetenzen die Versorgung des Wildes und der Bau von Ansitzeinrichtungen – hier braucht man auch scharfe Schneiden – gehören, lernen es im Rahmen unserer Ausbildung nicht. Im gleichen Sinn bezeichnend ist die Tatsache, dass auch große Jagdausstatter seitenweise Putzmittel für die Gewehre, aber kaum jene Schärfwerkzeuge in ihrem Sortiment anbieten, welche „die Profis" selbstverständlich und alltäglich nutzen. Dafür findet sich in den Katalogen eine bunte Sammlung von Geräten, welche angeblich die Fertigkeit, Messer nach klassischer Methode zu schärfen, ersetzen können. Unsere Jagdmesser haben Schneiden und Stähle, die den Tischlerwerkzeugen und feinen Kochmessern ähnlich sind. Diese Klingen kommen dort, wo man das Handwerk versteht, niemals mit jenen seltsamen Jagdkatalog-Geräten in Berührung. Die Situation wird nicht besser. Im Gegenteil. Vor kurzem konnte noch jeder Friseur seine Rasiermesser mit Stein und Leder schärfen. Das hatte niemanden erstaunt. Schärfe scheint heute aber zum Hexenwerk zu werden, und man weiß sich nicht mehr besser zu helfen als mit mysteriösen Gerätschaften, die den Alten das blanke Entsetzen in die Augen getrieben hätten.

Mit einem scharfen Messer lässt sich auf den Aufbruchplätzen mehr Eindruck schinden als mit einem teuren Gewehr. Offensichtlich ist hier – anders als in der Tischlerwerkstatt – eine gute Schneide ein erstaunliches Ereignis. Gerät ein Jäger, der das Schärfen nicht beherrscht, an ein scharfes Messer, das nur so durch die Schwarten und Decken saust, ist die

Begeisterung groß. Ein scharfes Messer ist eine Freude. Ein stumpfes ist ein Ärgernis. Diese Freude ist in Jägerkreisen leider nicht alltäglich. Es mag daran liegen, dass viele Jäger doch viel seltener ihre Jagdmesser schärfen müssen als der Tischler seine Stecheisen. Wer nur alle halbe Jahr eine bestimmte Befähigung braucht, delegiert diese gerne oder „quält sich durch". Viele Jäger quälen sich mit stumpfen Messern durch.

Wir haben in Jägerkreisen ein „Schärfe-Defizit". Das motivierte, dieses Buch zu machen.

Die letzte Schärfe aus einer Klinge zu holen, ist eine Kunst, die nur wenige beherrschen und die sehr viel Übung verlangt. Darum soll es in diesem Buch aber nicht gehen. Die Schärfmethode, die ich vorstellen werde, ist zwar geeignet, durch bestimmte Verfeinerungen und Modifikationen das Potential eines Klingenstahls auszuschöpfen und also die höchstmögliche Schärfe des Materials zu erreichen. Doch hier soll es nur um eine gute Gebrauchsschärfe gehen. Diese Schärfe zu erreichen, ist nicht schwierig. Man muss kein „Fachmann" sein.

Konzept des Buches ist, genau dies zu vermitteln: Jeder bekommt mit wenig Aufwand sein Jagdmesser so scharf, dass er sich mit ihm die Unterarme rasieren kann. Das mag sich jetzt etwas vollmundig anhören. Das Rasieren gilt als Sinnbild maximaler Schärfe. Dies ist jedoch nicht der Fall. Ein Rasiermesser für die Bartrasur ist viel schärfer, als ich es in diesem Buch für unsere Jagdmesser verlangen möchte. Von den Erfahrungen mit den Rasiermesserklingen kann jedoch auch der Jagdmesser-Schärfer profitieren. Darum werde ich wiederholt auf Rasiermesser zu sprechen kommen. *Ihre* Messer werden rasieren! Ich setze auf die Freude. Denn erfahrungsgemäß erfreuen und motivieren die ersten Erfolge beim Messerschleifen sehr. Am Anfang der „Messerschleifer-Karriere" braucht man zwar naturgemäß länger und die Ergebnisse sind noch etwas schlechter. Bald aber werden die Klingen schneller scharf und auch schärfer. Das können richtig schöne Erfolgserlebnisse werden.

Das Schärfen der Messer verlangt Dreierlei:

– Schärf-Utensilien,
– Geschick und
– das Gewusst-Wie.

Es genügen Schärf-Utensilien, die für viel weniger als den Preis eines einfachen Mittelklassemessers zu erstehen sind.

Es genügt das Geschick von jedermann. Ich sehe keine großen Herausforderungen für besondere Koordinationsfähigkeiten. Selbstverständlich üben sich Bewegungsabläufe mit der Zeit ein, und alles fällt nach vielen Wiederholungen leichter. Aber auch der Anfang ist nicht schwer. Viel wichtiger als manuelles Geschick ist die ruhige, konzentrierte Beobachtung der eigenen Hände. Man muss erkennen, was sie tun. Manch Anfänger ist so aufgeregt damit beschäftigt, es schnell und elegant wie ein alter Hase machen zu wollen, dass er gar nicht merkt, was am entscheidenden Ort – Klinge-Stein – passiert. Ruhig, langsam und dafür präzise! Der Rest kommt von allein.

Es genügt wenig Wissen. Ein Freund sagte: *„Ich kann keine Messer schleifen. Offensichtlich bin ich zu grobmotorisch, um den richtigen Winkel einzuhalten.“* – Das ist nicht so! Er kannte nur den einfachen Ablauf des Schärf- und Abziehvorganges nicht. Mit etwas Konzentration reicht auch eine „sehr übersichtliche“ Geschicklichkeit aus, um ein Ergebnis zu erzielen, das der Freund für unerreichbar hielt. Denn:

Man muss beim Messerschärfen nur einen einfachen Plan kennen und umsetzen.

Es ist zwar nicht nur der ominöse Schleifwinkel, den einzuhalten häufig als einziges Geheimnis des erfolgreichen Messerschleifers verkauft wird. Dieses „Winkel-Gebot" wird überbewertet. Darauf kommt es so genau, wie oftmals dargestellt wird, gar nicht an. Dafür gibt es aber andere Dinge, die man beachten muss. Diese notwendigen Tricks sind jedoch nicht sehr zahlreich.

Für mich kommen einige Schärfmethoden nicht in Frage. Der Weg zum scharfen Messer, den ich beschreiben möchte, ist jedoch so breit, dass jeder auf ihm seine persönliche Spurbahn suchen und finden kann. Insbesondere, wenn ich konkret zum Beispiel auf die Position der Finger beim Schärfen eingehe, ist dies immer nur als eine von vielen Möglichkeiten zu verstehen. Ich selber halte mich auch nicht sehr streng daran. Es ist aber ein funktionierender Anfang.

Ich hoffe, dieses Buch vermittelt gründlich und dennoch zügig die Grundzüge einer erfolgreichen Schärftechnik und lässt sich den einen oder anderen Jäger dort an unserem Jägerhandwerk erfreuen, wo er sich sonst gelegentlich noch ärgern musste.

Meirother Kopf, *Dr. Bernd Balke*
in der Feistzeit 2017

Der Weg zu einem scharfen Messer ist nicht mit Arbeit,
sondern mit Gemütlichkeit gepflastert.

II.
Die Schärfmethode

Viele Wege führen zum scharfen Messer. Doch sehr viele Wegweiser versprechen dies nur und halten es nicht. Oder sie sind wie die Autowäsche mit Drahtbürsten: Den groben Schmutz bekommt man damit spielend leicht vom Wagen. Leichter als mit schonenden Methoden. Aber ist dieses vom Schmutz befreite, aber zerkratzte Auto jetzt in jenem Zustand, den wir als „sauber" bezeichnen? Ich glaube nicht. Im Gegenteil. Niemand misshandelt so seinen Wagen. Messer aber werden sehr oft auf diese Weise misshandelt.

Bandschleifer für feine Jagdmesser sind wie die Drahtbürsten am Autolack. Haushaltsschärfgeräte mit und ohne Motor sind oft noch rabiater. Sie machen gerne grobe Sägen aus den Messern. Keine Frage: Diese Klingen sägen schnell durchs Schnittgut. Aber nur so lange, bis ihre Zähne abgebrochen oder umgebogen sind. Das geht schnell. Ein feines Messer, das mit dem Bandschleifgerät geschärft wird, ist so wenig scharf im eigentlichen Sinn, wie ein Auto sauber ist, das mit Stahlbürsten traktiert wurde. Seine Stahlstruktur wird zerstört. Zudem verliert es bald seine ursprüngliche Form. Diese Messer haben schnell keine Bäuche mehr und jedes Mal einen neuen Schneidenwinkel. Weil die groben Kratzer stören, werden diese zusammen mit den Fasenkanten noch schön mit der Polierscheibe wegpoliert. Diese armen Messer brauchten weder eine funktionelle Klingengeometrie noch ihre Ästhetik vom Messermacher noch einen guten Stahl.

Warum nur sind diese traurigen Schärfverfahren so weit verbreitet? Es liegt wohl daran, dass sie demjenigen, der das fach-

Viele „Schärfgeräte" sind unnötig bis unbrauchbar und rabiat.

gerechte Schärfen nicht versteht, ein Messer bieten, mit dem man ohne Frage mehr anfangen kann als mit einem vollkommen stumpfen. Das Argument der Bequemlichkeit und des geringen Zeitaufwandes bei der Benutzung dieser Ersatz-Schärf-Geräte ist dagegen schnell widerlegt. Gut abgezogene Schneiden bleiben länger scharf als eine „Schärfgerät-Säge". Und wer sein Messer nicht völlig stumpf werden lässt, der braucht auch für die gute Arbeit – die höhere Schärfe, die längere Schnitthaltigkeit, das schonendere Verfahren – nur wenige Augenblicke.

Die zum Teil mit guten Steinen und Keramiken ausgerüsteten Schärfstative, die einen Schleifwinkel sicher vorgeben, sind in der Lage, gute Schneiden zu machen. Sie sind aber umständlich und unflexibel. Der apparativ vorgegebene Schleifwinkel passt nie über die gesamte Schneidenlänge. Und vor allem sind sie unnötig. Mit diesen Instrumenten hat man aber anfangs eine kleine Hilfe, und man behandelt das Messer wenigstens gut.

Es gibt sehr feine und präzise Maschinen mit langsam rotierenden hochwertigen Steinen. Sie laufen in Wasser und bieten ausgeklügelte Spannvorrichtungen für nahezu alle Klingen und

Werkzeuge, die geschärft werden müssen. Zudem haben sie Polierscheiben aus Leder. Mit diesen Spezialmaschinen ist viel anzufangen! Sie sind bloß groß, teuer, und auch mit ihnen muss man erst zu schärfen lernen. Der handgroße, einfache Stein bietet das gleiche, sogar das bessere Ergebnis. Und er braucht keine Steckdose.

Die guten alten Schärfsteine sind in professionellen Betrieben, die mit feinen Schneidwerkzeugen arbeiten, nicht totzukriegen. Das Führen der Klingen über den flachliegenden Schärfstein (im weiteren Sinn) ist die älteste, die bewährteste, die unverzichtbare Methode, der professionelle Standard. Das ist der Weg.

Ich räume allerdings ein, dass es nicht nur besagte feine Schneidwerkzeuge gibt. So führe ich auch Messer, mit denen ich gelegentlich besandete Dachpappe für die Hochsitze schneide. Für diese Messer sind mir – umgekehrt – meine feinen Schärfsteine zu schade. Von einem Messer allerdings, mit welchem ich mein Wild versorge, verlange ich ein anderes Leistungsprofil. Dachpappenmesser zum Aufbrechen der Sauen sind weniger geeignet als die ausgeleierte Rohrzange zum Fahrradreparieren.

Auch ich benutze gelegentlich die weichen Schlachtermesser. Für sie haben wir den Wetzstahl. An den feinen harten Klingen der Jagdmesser sind diese Wetzstähle aber weit unterlegen, untauglich, sogar schädlich. Sie richten einen Grat wieder auf, den es an gut abgezogenem und gutem Stahl in diesem Ausmaß gar nicht gibt. Dazu aber später mehr. Es gibt Wetzstähle, die Material abtragen. Sie sind meist aus Keramik oder diamantbeschichtet. Dies sind im Grunde Abziehsteine in Wetzstahlform. Sie verlangen das gleichzeitige Führen von Werkzeug (Wetzstahl) und Werkstück (Messer), jeweils einhändig und freihändig. Das ist eine schwierige und unnötige Turnübung. Beim traditionellen Schärfen mit dem Stein wird nur das Werkstück beidhändig über das fixierte Werkzeug geführt. Also: Der Wetzstahl ist dort ein gutes Werkzeug, wo er hingehört. Er gehört nicht zum Jagdmesser.

Im professionellen Betrieb mit feinen, hochwertigen Schneiden ist die Abziehmethode mit Wasser- oder Ölsteinen etabliert. Diese haben sich dort bewährt und sind dort unersetzlich. Nur die groben Steine können durch diamant-besetzte Abzieh-„Steine“ ersetzt werden. Grobe Steine allerdings benötigt man selten, wenn man die Klingen gut behandelt und rechtzeitig abzieht. Sie sind nötig, wenn es darum geht, Scharten auszuwetzen oder die Schneidengeometrie wiederherzustellen. Die Verwendung von Steinen ist und bleibt der professionelle Standard aufgrund ihrer Effektivität, Effizienz und Qualität. Darum soll es hier gehen. Warum auch sollten wir Jäger mit unseren für die Jagd unverzichtbaren Messern auf diese Profi-Erfahrungen verzichten?

Ganz wichtig zur Ergänzung der Steine und sogar teilweise ein Ersatz sind die Lederabziehriemen mit Schleifpasten. Sie sind einfach selbst herzustellen, preisgünstig und erstaunlich effektiv. Sie sind praktisch und mir inzwischen unverzichtbar geworden.

In meinem Jagdrucksack ist ein kleiner Belgischer Brocken. Ein sorgfältig behandeltes und gut abgezogenes Messer ist damit bestens einsatzbereit zu halten, wenn es ein paar Tage ins Revier geht. Bei längeren Unternehmungen ist noch ein Diamant-Abzieh-Plättchen dabei, weil dieses kleiner und leichter ist als ein Stein. In der Jagdhütte sind ein Kombinationswasserstein und der Riemen. Zu Hause bleiben die Schrupp- und Poliersteine und das Stein-Abrichtgeschirr. Die Beute einer Jagdhüttenwoche überfordert zwar selten die Schnitthaltigkeit des Nickers. Doch das „rituelle“ Abziehen des liebgewonnenen Wegbegleiters abends am Lagerfeuer bei guten Gesprächen und gutem Wein ist Teil der Gemütlichkeit und keine Arbeit. Wer könnte das schon vom Bandschleifer-Schleifen behaupten?

III.
Welcher Stein?

Kürzlich las ich in einer Messer-Zeitschrift eine Todesanzeige. Betrauert wurde das Ableben eines Schleifsteins! Er war nach 170 Jahren Gebrauch in einer Werkstatt durchgeschliffen. Es war das Foto zu sehen eines Belgischen Brockens, durch dessen gelbe Granatschicht bereits das dunkle Trägergestein hervorkam. Es handelte sich hier nicht nur um einen etwas pietätlosen, makabren Witz. Der Stein kann einem schon sehr ans Herz wachsen. Wie ein selbstverständliches Naturgesetz wird deshalb gelegentlich festgestellt: Alles könne man verleihen, alles – seinen Abziehstein jedoch nie. Nicht seinem besten Freund. NIE! Es gibt Menschen, die Abziehsteine sammeln. Man kann für einen handflächengroßen japanischen Naturstein den Preis einer Jagdbüchse zahlen. Der Markt gibt dies her. Allerdings gibt es auch schon beste Steine für das Geld einer Packung einfachster Büchsenmunition.

Steintypen

Die Steine unterscheiden sich je nach ihrer Körnung, nach Schleifbild, nach Geschwindigkeit des Stahl-Abtrages, nach Belastbarkeit und Empfindlichkeit, nach Lebensdauer und Pflegebedürftigkeit, nach ihrer Eignung und Leistungsfähigkeit an dem jeweiligen Messerstahl, nach dem benötigten Schleifmittel, nach Größe, nach Preis… Es gibt Kunst- und Natursteine. Nicht zuletzt aber fühlt sich ein Stein besser an als der andere. Der Stein „liegt einem" mehr oder weniger gut, wie es auch die Messer, die Füllfederhalter oder die Flinten tun. Die genannten Gelben Belgischen Brocken sind meine erklärten Lieblinge. Bei keinem Stein kann ich so gut fühlen, was zwischen ihm und dem Stahl geschieht. Dieser Naturstein gibt mir die beste Rückmeldung. Er fühlt sich irgendwie lebendig an. Vielleicht liegt dies daran, dass er doch nicht so homogen ist wie die Fabriksteine. Jeder Naturstein ist anders. Dadurch wird er einzigartig, fast zum Individuum. Einem Kunststein wird man wohl nie so nachtrauern wie dem Naturstein, da der Kunststein schnell zu ersetzen ist. Diese Feinheiten wird man jedoch erst im Laufe der Zeit zu spüren und zu schätzen lernen.

Natursteine sind für das Schärfen guter Jagdmesser nicht unbedingt besser als Kunststeine, aber häufig teurer. Sie sind jedoch deutlich länger verwendbar. Das gleicht den Kostenunterschied aus.

Die Steine sind mit Wasser, Öl, trocken oder mehreren Verfahren zu verwenden. Sie werden unterteilt in hart- oder weichgebunden. Es gibt „Steine“ aus Keramik, die manchen Vorteil der harten und weichen Steine in sich vereinen. Es gibt diamantstaub-besetzte Schärfplatten in guter monokristalliner und schneller verschleißender polykristalliner Qualität. Diese Werkzeuge sind teuer, sehr einfach zu handhaben, aber nur im groben Bereich einsetzbar.

Wie fein oder grob ein Stein ist, wird durch unterschiedliche Normen (JIS, FEPA, ANSI) beschrieben. Die Klassifizierung nach ANSI *(**A**merican **N**ational **S**tandards **I**nstitute)* ist selten zu finden. Am häufigsten begegnet einem die japanische Bezeichnung JIS *(**J**apanese **I**ndustrial **S**tandard)* für die weichen asiatischen Produkte. (Harte) europäische Steine werden nach der Norm namens FEPA *(**F**édération **E**uropéenne des **F**abricants de **P**roduits **A**brasifs)* eingeteilt. Diese Systeme beschreiben die Feinheit des Steines mit Zahlen. Je höher die Zahl, umso feiner der Stein. Die Zahlenwerte stimmen jedoch nicht überein. Für das gleiche Schleifbild bzw. die gleichen Korngrößen sind die japanischen Werte höher als die europäischen. Diamantplatten werden nach einem anderen System klassifiziert.

Brauchbare Steine sind gar nicht so leicht zu bekommen. Die großen Heimwerkermärkte sind schlecht bestückt. Man muss die richtigen Adressen kennen. Dann aber erschlägt einen die Auswahl.

Ich erinnere daran: Es kommt uns nicht darauf an, das Letzte auszureizen. Markensteine der unteren Preisklasse reichen aus. Kombinationssteine reichen aus. Ein paar Hinweise jedoch könnten hilfreich sein:

Es gibt sehr gute Ölsteine. Zum Beispiel den Arkansas-Naturstein. Er ist fester Bestandteil in meiner Tischlerwerkstatt. Der Nachteil von Ölsteinen ist allerdings, dass sie Öl brauchen. Öl muss man erst einmal haben, dabei haben und nicht etwa ausgelaufen im Jagdrucksack haben. Wassersteine sind irgendwie weniger schwierig und weniger schmierig zu handhaben. Bei Steinen, welche mit Wasser und Öl verwendet werden können, ist zu beachten, dass ein einmal mit Öl benetzter Stein nicht mehr mit Wasser genutzt werden kann.

Es gibt, wie gesagt, hartgebundene und weichgebundene Wassersteine. Dies bezeichnet die Einbindung der stahlabtragenden, scharfkantigen, harten Partikel in die Trägersubstanz. Weichgebundene Steine geben ihre „Schärf-Kristalle" schnell ab, sodass auch schnell die nächste, frische, scharfe Schicht an die Oberfläche kommt. Das hat mehrere Effekte: Der Stein schleift schnell. Er wird schnell abgenutzt (hohl). Man schneidet versehentlich beim Schärfen schneller mit dem Messer in den Stein. Der weiche Stein verlangt also etwas mehr Geschick, Vorsicht und Pflege. Man muss ihn häufiger abrichten, also wieder plan machen. Er dankt dies jedoch mit schnellen Ergebnissen. Die weichen Steine lassen den Schleifvorgang deutlicher spüren als die harten, keramischen oder diamant-besetzten. Sie

Steine und Diamanten.

geben mehr Feedback und lassen mehr Kontrolle zu. Man lernt mit der Zeit schon beim Schleifen zu fühlen, wie scharf das Messer gerade ist. Dies ist bei den harten Steinen in diesem Maß nicht der Fall. Aber weiche Steine sind Mimosen. Harte sind viel nachsichtiger mit dem Anfänger.

Ein kleiner Nicker mit nahezu gerader Schneide ist einfacher zu schärfen als ein schweres, rundes Weidblatt. Der Klingenbauch des Weidblattes hat so manchem edlen, weichgebundenen Wasserstein eine tiefe Riefe oder derbe Kerbe verpasst. Ein weicher Stein ist für manchen Anfänger ein zu strenger Lehrer. Er kann anfangs Nerven kosten, wenn man schon wieder in ihn geschnitten hat. Dann darf man ihn wieder abrichten, um nicht mit jedem Rumpeln über die Unebenheit die Schneide wieder stumpfzudrücken. Wenn mein Weidblatt, das kaum Arbeit im Revier findet und darum auch nur selten zu schärfen ist, einen neuen Schliff braucht, so nehme ich mir die hartgebundenen Steine dafür her. Hier ist der langsame, kaum etwas übelnehmende Arkansas-Ölstein mit von der Partie. Ansonsten hat dieser wegen seiner fast glasartigen Härte die große Stärke beim Schärfen von spitzen Werkzeugen wie zum Beispiel Ahlen oder sehr kleinen Schnitzeisen. Für meine Jagdgebrauchsmesser jedoch, für die nur leicht geschwungenen Neunzentimeterklingen, kenne ich nichts Besseres als die schnellen, giftig-beißenden, weichen (japanischen) Wassersteine. Und – für den feinen Bereich – die zudem noch deutlich unempfindlicheren Gelben Belgischen Brocken.

Ich empfehle also, am Anfang eher die härteren Steine zu benutzen. Ansonsten lautet der Grundsatz: harter Stahl – weicher Stein; weicher Stahl – harter Stein. Denn der harte Stahl braucht schneller die neue, abrasive, scharfe Steinschicht als der weiche.

Welche Körnungen?

Es werden vier Steintypen nach Körnung und damit nach Aufgabe unterschieden: Schrupp-, Schärf-, Abzieh- und Polier-Steine.

Schruppsteine sind die gröbsten Steine. Ihre Aufgabe ist es, die Schneidengeometrie zu schaffen. Sie sollen der Schneide also ihre Form geben bzw. wiedergeben. Dies ist immer dann nötig, wenn das Messer eine Scharte hat und nun die gesamte Schneide um Schartentiefe heruntergeschliffen werden muss, wenn das Messer vollkommen vernachlässigt und stumpf ist oder wenn der Schneidenwinkel nicht mehr genehm ist, also beispielsweise die beiden Schleifflächen (Fasen) der Klinge nicht mehr spitz genug aufeinander zulaufen sollten. Schruppsteine sind grobe Burschen. Sie tragen schnell ab. Sie hinterlassen tiefe Schleifspuren und einen sichtbaren Grat (Was ist ein Grat? Der Grat ist ein durch den Schleifvorgang entstehendes Stahlfähnchen seitlich an der Schneidkante. Dazu später mehr). In den Katalogen findet man die Bezeichnung „Schruppstein" etwa bis zur JIS-Körnung 500. Dies entspricht ungefähr dem Schleifbild von FEPA 300.

Schärfsteine haben eine Körnung bis etwa JIS 3000 (FEPA 1000). Sie tragen von der rund und also stumpf gewordenen Schneide beidseits eine dünne Schicht ab und machen so aus

„rund“ wieder „spitz“, also „scharf“. Schärfsteine rekonstruieren oder glätten die vom Schruppstein vorgegebene Schneidengeometrie. Sie hinterlassen eine raue Oberfläche und einen spürbaren Grat.

Schrupp- und Schärfstein-Arbeit können auch diamantbesetzte Feilen und Schärfplatten erledigen. Die nun folgende feinere Arbeit jedoch nicht mehr.

Abziehsteinen gibt man gerne bis zur Körnung JIS 6000 (FEPA 1500) diesen Namen. Ihre Hauptaufgabe ist es, den Grat zu entfernen und die Schleiffläche (durch Abtrag) weiter zu glätten. Scharf ist, was im Querschnitt betrachtet spitz aufeinander zuläuft. Wenn ein Grat noch an der Spitze, also an der Schneidenkante hängt, und also auch der Grat durch das Schnittgut gedrückt werden muss, ist die Schneidfläche um diesen Grat verbreitert und damit stumpfer. Der Grat muss also weg! Diese Aufgabe kommt dem Abziehstein zu. Der Abziehstein hinterlässt eine glatte, aber nicht spiegelnde Facette. Einen Grat gibt es dann allerdings immer noch. Man kann ihn aber nicht mehr sehen, vielleicht jedoch gerade noch fühlen. Jetzt kann das Messer schon sehr scharf sein.

Vom Polierstein spricht man bei Körnungen oberhalb von JIS 6000 (FEPA 1500). Die Normierung reicht bis JIS 8000 (FEPA 2000). Höhere Angaben der Körnung sind keiner Objektivität verpflichtet. Es ist leicht zu verstehen, dass eine polierte Oberfläche mit weniger Reibung leichter durch andere Materialien gleitet. Es ist auch logisch, dass der Grat so klein wie möglich sein sollte. Dieser Aufgabe nimmt sich auch der Polierstein an. Das Polieren der Schneide verbessert nicht nur Schärfe, sondern auch Schnitthaltigkeit. Wenn die Schneidkante wie eine Säge aussieht, sind die einzelnen Sägezähne gefährdet, an der Basis herausgerissen zu werden. Vielleicht reißt man Mikroscharten aus. Wenn allerdings die Schneide eine durchgehende

Linie ist (oder genauer: sich diesem Ideal nähert), sodass jedes Stahlteilchen nicht nur an seiner Basis, sondern auch in dieser Linie an seinen Seiten einen Nachbarn hat, mit dem es verbunden ist, so steht es sicherer und ist weniger schnell aus diesem Verbund zu brechen als das „einsame Zähnchen“. Es ist nicht nur breiter verbunden, sondern befindet sich zudem im „Windschatten“ seiner Nachbarn, sodass das Schnittgut weniger Angriffsfläche findet. Mit dem richtigen Polierstein kann man also die Schneide weiter schärfen, stabilisieren, und man kann noch reibungsärmere Schleiffacetten schaffen.

Der Spiegelglanz-Effekt ist kein sicheres Zeichen, um die Feinheit eines Steines zu bestimmen. Es gibt sehr feine Steine, die nur satinieren. Auch unterscheiden sich die Steine in ihrer Eigenschaft, einen Grat zu produzieren.

Ich nutze zum Verkleinern des Grates auch gerne unterschiedlich präparierte Lederriemen. Damit erreicht man eine enorme Schärfe. Dieses Abziehen nach Gebrauch sehr feiner Steine ist für ein Jagdmesser jedoch nicht mehr unbedingt nötig. Anderseits ist ein Lederriemen schnell im Rucksack verpackt, und er kann einen Teil der Aufgaben eines feinen Steins übernehmen. Der präparierte Lederriemen ist so praktisch, dass er mir unverzichtbar geworden ist.

Es gibt Messer aus so „grobem“ Stahl, dass die Verwendung der sehr feinen Steine keinen Sinn hat. Man bekommt Messer nicht schärfer als dies ihr Stahl zulässt. Da helfen die besten und feinsten Steine und Lederriemen nicht. Das Schärfgeschirr muss also zu den Messern passen.

Welche Steine sollte man nun also als Grundausstattung haben? Ich mache ein paar Vorschläge: Man ist schon recht gut ausgestattet mit einem (nicht zu) weichen japanischen Kombinationsstein der Körnungen JIS 1000 und 6000. Wenn jetzt noch ein 220er dazukommt, kann es losgehen.

Ein JIS 3000er oder 4000er dazwischen nimmt dem 6000er ein wenig Arbeit ab, die gröbsten Spuren des vorherigen Steines zu beseitigen. Und der spiegelblank polierende 8000er Akatsuki wird von mir so geliebt, dass er hier beim Namen genannt sei. Aber notwendig sind sie nicht. Schöner Luxus.

Eine andere Möglichkeit: Auf dem Markt finden sich sehr gute harte Kombinationssteine der Körnungen FEPA 220/400. Wenn jetzt noch ein einfach selbst gefertigter Siliziumkarbid-Riemen *(siehe Seiten 115 ff.)* dabei ist, dann ist man auch ausreichend bestückt. Der Riemen macht aus dem grob geschärften 400er-Schliff eine „Rasierklinge". Auch ein empfindlicher JIS 1000 zusammen mit dem Siliziumkarbid-Leder funktioniert sehr gut. Ich nehme vorweg: Siliziumkarbid-Schleifpaste ist so effektiv und grob, dass feinste Schneiden damit nicht herzustellen sind. Aber das Jagdmesser im groben Einsatz wird damit auch als Endbehandlung wahrlich scharf und fein genug. 1000er-Stein und der besagte Riemen sind kein „vornehmer japanischer Stil", sind nichts für Rasiermesser und reizen einen guten Stahl nicht aus. Aber mit wenig Aufwand bekommt man eine Schneide, die ohne große Mühen durch jedes Überläufer-Brustbein schneidet.

Oder man nutze als Anfänger neben einem harten, gröberen Kombinationsstein den Gelben Belgischen Brocken. Auch in diesen schneidet man nicht so schnell hinein, er ist pflegeleicht und muss nicht so oft abgerichtet werden. Er trägt mehr ab als ein Riemen, und er macht eine so feine Schneide, dass auf den Riemen verzichtet werden kann. Er ist die richtige Wahl für gepflegte, anständige Messer. Nach entsprechendem Gebrauch abends in der Hütte oder auf dem Hochsitz einmal auf den kleinen Stein gespuckt, kurz abgezogen, und das nächste Schwein kann „rasiert" werden. Es funktioniert mit Spucke, und der Stein nimmt es nicht übel. Viele synthetische Steine müssen vor dem Gebrauch gewässert werden. Dafür müsste man lange Spucke

Gelbe und Blaue Belgische Brocken.

sammeln, wenn es nicht ohnehin nur mit sauberem Wasser ginge. Dazu bedarf es zudem eines passenden Gefäßes. Für den Brocken reicht es, die in der Pfütze befeuchteten Finger einmal über die Steinoberfläche zu streicheln. Das ist ein dicker Pluspunkt. Hier nehme ich vorweg: Der Gelbe Belgische Brocken (GBB) wird mitunter als Stein für den Feinstabzug bezeichnet. Für Jagdmesser-Verhältnisse ist dies durchaus zutreffend. Im Rasiermesserbereich ist dies nicht immer der Fall. Dort – und nur dort! – gilt der GBB gelegentlich sogar als grob. Das halte ich für übertrieben. Aber der thüringische Abziehstein von Escher aus der Vorkriegszeit ist der Rasiermesser-Stein. Der GBB trägt mehr ab. Vor allem, wenn er viel Schleifschlamm hat. Genau dies ist die Stärke des Belgiers: Er trägt „rabiat" mit dickem Schlamm ab, und er poliert wunderbar mit Wasser. Er kann beides. Nachteil für den Anfänger ist, dass er wenig Grat bildet. Doch genau dies ist auch seine Stärke. Er zeigt zwar nicht so deutlich die Schärfe durch den Grat an. Er macht aber besonders gut scharf, weil er so wenig Grat bildet. Ich werde darauf zurückkommen.

Kürzlich habe ich eine neue Variante entdeckt. Es ist ein Kombinationsstein aus zwei Natursteinen: dem Blauen Belgischen Brocken *(Coticule)* aus den Ardennen und einem Pyrenäenstein. Er nennt sich „CotPyr“, ist gut bezahlbar, unempfindlich, man schneidet nicht in ihn hinein, er verlangt nicht so viel Pflege wie die weichen Japaner. Und er deckt ab, was wir brauchen.

Wenig an Equipment und auch an Messerqualität reicht für jagdliche Mindestansprüche. Wer höhere Ansprüche hat, wird feinere Stähle und Steine haben. Ein sehr sorgfältig abgezogenes und poliertes Messer verlangt zudem den entsprechend schonenden Gebrauch. Schärfausrüstung und Messergüte richten sich also nach dem Anspruch an Schärfe, Stabilität, Schnitthaltigkeit und nach dem Umgang mit dem Messer. Wer die sandigen Schwarten der suhlenden Sauen auf großer Länge von außen durchschärft und nicht nach kleinem Schnitt von innen nach außen; wer gleichgültig auf Knochen und Zähnen „herumreitet“; wer gar sein Messer in den Erdboden sticht und auf Porzellantellern schneidet; wer sein Messer so behandelt, braucht keinen Polierstein, keinen guten Stahl und keinen spitzen Schleifwinkel. Denn ein einziger falscher Schnitt genügt, und der durch das Polieren, den Stahl und die Schneidengeometrie bedingte Vorteil ist sofort wieder verloren. Wenn dieser „großzügige“ Messernutzer den einen harten Abziehstein und den Riemen hat, so ist er adäquat ausgerüstet. Er muss sein Messer sehr oft abziehen, kann sich das Polieren aber schenken und hat dennoch immer wieder schnell ein scharfes Werkzeug.

Wenn man ein Gefühl für das Abziehen entwickelt hat, merkt man, dass bestimmte Stahlsorten mit bestimmten Steinen besonders gut harmonieren. Es ist auch deshalb gar nicht schwierig, sich einzubilden, man brauche ein Dutzend Steine und mehr. Dies stimmt! Man kann sie alle gebrauchen! Aber für das erfreulich scharfe Werkzeug des Jägers geht es schon viel bescheidener.

Noch eine Bemerkung zur Größe der Steine: Wenn der Stein sehr klein ist, ist ein vernünftiges Arbeiten mit ihm schwierig. Steine nutzen sich ab, sie werden dünn. Ein dicker Stein hält länger. Große Klingen verlangen große Steine. Meine größten Steine messen 25 mal 8 Zentimeter. Sie bewältigen die größten Küchenmesser. Größe erleichtert ein gutes Endergebnis, Größe bedeutet weniger Arbeit, weniger aber klare und große Züge, also weniger Gelegenheit, die Klinge falsch anzusetzen. Ein Stein von 15 mal 4 Zentimetern ist schon nicht mehr komfortabel, aber ausreichend. Viel kleiner als 12 mal 4 Zentimeter sollten die Steine auch für die vernünftig dimensionierten Jagdmesser nicht sein. Da es von Vorteil ist, den Rucksack nicht zu schwer zu haben, begnüge ich mich im Revier dennoch mit einem kleineren Brocken. Die Ergebnisse sind nicht so leicht mit ihnen zu erzielen, und es macht mehr Mühe. Die gebe ich mir in diesem Falle aber gerne.

An diesen bezüglich der Größen, Körnungen und Steintypen variierenden Empfehlungen ist zu ahnen, dass die Materialwahl der Schleifwerkzeuge auch leicht zu einer leidigen, unendlichen „Kaliberdiskussion“ werden könnte. Das muss nicht sein! Ich behaupte: Man kann gar nicht so viel falsch machen beim Kauf der ersten Ausrüstung. Wenn man dann das Schleifen für sich entdeckt, wird man je nach Vorliebe seine Ausrüstung in die weiche oder harte, grobe oder feine Richtung ergänzen.

Es deutete sich bereits an: Das Schleifen von Messern hat auch Klingenformen zum Thema. Und es geht um Stahlsorten. Damit wird sich das nächste Kapitel beschäftigen.

IV.
Zum Messer

Die Schneid-, Stich-, Hieb- und Stoßwaffen des Jägers, die sogenannten blanken oder kalten Waffen, haben ihre Geschichte. Sie waren immer Gebrauchswaffen und sind zum Teil Prunk- und Ritualgegenstände geworden. Bäreneisen, Gamsspeere und Hirschlanzen sind auf der Jagd nicht mehr zu finden. Jagddegen, -schwerter und -säbel kennt man auch nur noch aus den Museen. Auch der Hirschfänger wird kaum noch jagdlich eingesetzt. Das, was heute im Jagdbetrieb an kalten Waffen zu schärfen ist, dient in erster Linie dem Versorgen des Wildes. Es geht um das Aufbrechen, Abschwarten bzw. Aus-der-Decke-Schlagen, Abbalgen, Streifen und Zerwirken. Seltener geht es ums Abfangen, Abnicken und Freischlagen von Schützenständen.

Jagdlich genutzte Messer.

Form

Die feineren Messer des Jägers sind neben den Taschenmessern die Nicker. Sie haben ihre schlanke, spitze Form von ihrer ursprünglichen Aufgabe, das Wild durch einen Genickstich zu töten. Dieses Abnicken sollte jeder Jäger beherrschen, immer wieder an totem Wild üben und wenn möglich zugunsten des Schusses vermeiden. Die großen Waidblätter dienten als Standhauer, zum Aufschlagen des Schlosses und zum Aufbrechen. Die besseren „Standhauer" sind aber Sägen, Gertel und Beile. Schlösser werden aufgeschnitten oder aufgesägt und nicht mehr mit schwerem Messer aufgeschlagen. Es wird heute vielfach wieder geringelt. Kleine Klingen sind beim Aufbrechen leistungsfähiger. Die runde Form des Waidblattes wird als Vorteil beim Abschwarten / Aus-der-Decke-Schlagen genannt. Aber auch bei dieser Tätigkeit bleibt es groß und plump. Zudem wird dieses Handwerk zum größten Teil stumpf vollzogen, und einen spürbaren Nachteil der kurzen, weniger runden Klinge konnte ich bislang nicht beobachten. Häutemesser, Skinner, gebrauche ich nicht, und sie fehlen mir nicht. Eine sehr bauchige Klinge mit einem weit vorne liegenden Schwerpunkt wie bei einem Waidblatt braucht man also kaum noch auf der Jagd. Der Nachsuchenführer ist die Ausnahme: Er braucht Klingenlänge zum Abfangen und das Kopfgewicht zum Freischlagen der Schweißfährte. Der größte Nachteil des sehr spitzen und schmalen Nickers: Man bekommt mit ihm in der Hütte so schlecht die Marmelade aus dem Glas. Mehr nicht. Es gibt so viele wunderschöne Messer. Ich konnte oft nicht widerstehen … und kehre immer wieder zu meinem alten, zarten Nicker zurück. Mit ihm gelingen die Schnitte besser und leichter.

Der Gebrauchswert eines Jagdmessers hängt zuallererst von seiner Klingen- und Griffform ab. Der Stahl ist zweitrangig. Jedenfalls kann man selbst aus den schlechtesten marktüblichen

Stählen Messer machen, mit denen man sehr gut Sauen aufbrechen kann. Sie wären zwar für höchste Ansprüche an den Schneide-Komfort nicht schnitthaltig und scharf genug. Sie sind aber bei guter Form, Klingenlänge und Materialstärke für das Aufbrechen und viele andere Revierarbeiten besser zu gebrauchen als die gewaltigen Imponiermesser aus „besserem" Stahl. Der Gebrauchswert der Klingenform hängt vom Verwendungszweck ab. Soll das Jagdmesser tatsächlich ein Standhauer sein, so braucht es eine andere Form als das Messer zum Streifen des Steinmarders.

Stahl

Jetzt erst muss man sich Gedanken zum Stahl machen. Und fast wichtiger noch als die Legierung ist die Verarbeitung des Stahls, die Wärmebehandlung, das Anlassen. Vielleicht darf man sich den Stahl vorstellen wie Eisblumen am Fenster: Es gibt ganz viele unterschiedliche Eisblumen-Formen. Das Wasser am Fenster kann also bei identischer chemischer Zusammensetzung ganz viele unterschiedliche Kristallformen ausbilden. Und ähnlich verhält es sich mit dem Stahl. Zu welcher „Eisblume" der Stahl wird, bestimmen die Legierung und wesentlich die Wärmebehandlung. Der Stahl wird mehrfach erhitzt und wieder abgekühlt. Es kommt dabei darauf an, den Stahl auf die richtigen Temperaturen zu bringen und mit der richtigen Geschwindigkeit wieder auf die richtige Temperatur abzukühlen. Zum Teil wird tiefgefroren. Zum Teil wird mit Öl oder Wasser gekühlt. Die Temperaturverläufe (und Kohlenstoffverluste) werden durch bestimmte Schutzbeschichtungen beeinflusst. Es ist eine große Kunst. Viele gute Messermacher geben ihre Klingen nur zur Wärmebehandlung aus der Hand, denn auch der beste Stahl taugt nichts bei falschem Anlassen. Eine Legierung kann wie

Glas werden: scharf, hart, aber unbelastbar. Oder sie wird wie Blei: bricht nicht, ist aber nicht scharf zu bekommen. Die im praktischen Gebrauch spürbaren Qualitätsunterschiede der Stahlsorten sind so gering, dass eine nicht optimal behandelte potentiell sehr leistungsfähige Legierung schlechtere Eigenschaften besitzt als der gut behandelte „Billigstahl“. Ich glaube, dass es dem Stahl zu oft angelastet wird, wenn man mit einem Jagdmesser nicht einverstanden ist. Es liegt an der Geometrie der Klinge, der Wärmebehandlung, der falschen Schärftechnik. Selten an der Stahllegierung. Selbst der belächelte 420er-Stahl (1.4034) kann alles wirklich gut genug, was der Jäger braucht.

Bei der Wärmebehandlung kommt es zum Teil auf erstaunlich geringe Temperaturtoleranzen an. Auch deshalb ist das trockene Schleifen eines Stahls ein großes Risiko. Wenn sich die Klinge auf dem Bandschleifer spürbar erwärmt, kann sich an der hauchfeinen Schneidkante schon so viel Hitze gestaut haben, dass dies einer äußerst schädlichen, die Gitterstruktur des Stahles zerstörenden Wärmebehandlung gleichkommt. Wer also sein Messer schleifen möchte, dass nur so die Funken fliegen, oder wer den Wetzstahl nicht aus der Hand legen mag, braucht wahrlich keinen Gedanken an bessere Messerstähle zu verschwenden. Der „beste“ Stahl ein Mal falsch geschärft, und man hat quasi ein anderes Messer.

Es gibt also für Klingen sehr gute und auch vollkommen untaugliche Stahl-Strukturen bei identischer Legierung. Auch deshalb kann durch die Angabe des Materials die Güte der Klinge nicht vollständig beschrieben werden.

Ein Messerstahl wird häufig bezeichnet durch seine Legierung und seinen Härtegrad. Die sinnvolle Härte ist material- und gebrauchsabhängig. Man sollte sich also nicht blenden lassen durch eine besondere Härte der Klinge. Eine Klinge kann zu hart sein.

Ein Stahl kann sehr feinkörnig sein. Dann ist er auch sehr fein und dünn auszuschleifen. Er kann also sehr scharf werden. Rostende Messerklingen bestehen häufig aus diesen feinsten Stählen.

Wenn man den Stahl „rostfrei" machen möchte, muss man ihm Legierungsbestandteile (Chrom) beimengen, die dann sogenannte Karbide bilden und ihn dadurch grober machen. Damit wird er weniger scharf. Er wird auch schwerer schärfbar. Er rostet nun allerdings nicht mehr so schnell (tatsächlich rostfreien Stahl gibt es nicht! Auch „rostfrei" ist relativ), braucht weniger Pflege, läuft nicht mehr so schnell an, ist ansehnlicher, und der unangenehme metallische Geschmack und Geruch beim Zwiebelschneiden zum Beispiel tritt nicht mehr auf. Karbidbildner werden verwendet, um dem Stahl andere Eigenschaften zu geben. Durch Karbidbildner entstehen in der Metallstruktur mehr oder weniger große, sehr harte Körner. Diese Karbide werden von der sie umgebenden Struktur, der Matrix, gehalten. Damit die Karbide genug Halt bekommen, muss die Schneidkante relativ breit, also stumpf sein. Sonst brechen die harten Karbide seitlich aus der Schneide. Deshalb sind auch nicht die feinsten Schneidwinkel zu realisieren. Auf einer relativ stumpfen Schneidkante stehen also harte Karbide in Reihe wie kleine Diamanten in ihren Goldfassungen. Diese breiteren, also stumpferen Schneidkanten drücken sich nicht so leicht durch das Schnittgut. Ihre sogenannte Druckschneidfähigkeit ist also jener der feinen Kohlenstoffstähle unterlegen. Es besteht ein Schärfeunterschied von Faktor zehn und mehr. Aber – und das ist der Sinn – die Zugschneidfähigkeit ist aufgrund der harten Karbidzahnung jener der Kohlenstoffstähle mit gleicher Schneidkantenbreite überlegen. Wenn also der besser schärfbare Kohlenstoffstahl so stumpf geworden ist, dass er die gleiche Schneidkantenbreite hat wie der Karbidstahl, so schneidet der Karbidstahl besser. Und er hält besser diese Schärfe.

Schärfer, im Druckschnitt überlegen und einfacher zu schärfen sind also die rostenden Stähle. Aber die Schärfe der rostfreien Klingen reicht allemal, um die Unterarme zu rasieren. Dies möchte ich betonen und deshalb wiederholen: Die feinen Stähle aus dem Druckschnittsegment können viel schärfer werden als die Zugschnittstähle. Und solange die Druckschnittstähle schärfer sind als die Zugschnittklingen, sind erstere auch besser im Zugschnitt. Aber wenn die feine Druckschnittklinge auf die maximale Schärfe des Zugschnittstahles „abgestumpft" ist, ist der Zugschnittstahl überlegen. Und diese geringere maximale Zugschnittstahl-Schärfe ist sogar (noch) ausreichend für (schlechtere) Rasiermesser. „Richtige" Rasiermesser rosten! Die Schärfe-Leistungsgrenze der „rostfreien" Stähle, insbesondere der pulvermetallurgisch hergestellten Stähle (darauf gehe ich sofort ein), liegt also bereits im Rasierklingenbereich. Das heißt, für ein Jagdmesser reicht besagte verminderte Schärfe der rostfreien Stähle allemal. Für die rostenden Messer spricht allerdings auch – ich wiederhole –, dass sie leichter scharfzubekommen sind.

Die Legierungen werden „zusammengeschmolzen" und erhalten so ihre innere Struktur. Dieses schmelzmetallurgische Verfahren bietet gröbere Strukturen als das neue pulvermetallurgische. Hier wird der Stahl zerstäubt und dann unter Hitze und hohem Druck „gebacken". Diese sogenannten pulvermetallurgischen (PM) Stähle sind teuer und gut. Sie sind schärfer als die anderen rostfreien Stähle, kommen allerdings an die alten Kohlenstoffstähle immer noch nicht heran. Dennoch: Glücklich, wer ein Messer aus PM-Stahl hat! Die Legierung des wirklich schon guten schmelzmetallurgischen Stahls namens „ATS 34" wird im pulvermetallurgischen Verfahren zu „RWL 34". Hier sieht man also auch, dass es nicht nur die Legierung macht, sondern auch ihre Verarbeitung.

Nach Roman Landes (*Messerklingen und Stahl*, Wieland Verlag 2006) sind neben der Korrosionsbeständigkeit und der Maximalschärfe oder Anfangsschärfe eines Stahls außerdem noch folgende Stahlqualitäten zu berücksichtigen: Schnittgüte, Zähigkeit/Schockbelastbarkeit, stabiler Schneidenwinkel, Zugschneidfähigkeit, Zugschneidhaltigkeit, Verschleißbeständigkeit, Schärfbarkeit, Druckschneidfähigkeit, Schneidkantenstabilität sowie Druckschneidhaltigkeit.

Die *Schnittgüte* beschreibt, wie sauber das Schnittgut durch eine Klinge unzerstört, unzerraspelt, unzerquetscht zerteilt wird. *Zähigkeit* und *Schockbelastbarkeit* fasst Landes zusammen. Sie sind Maß für die Stabilität des Stahls durch das elastische Abfedern von Schlägen. Der *stabile Schneidenwinkel* sagt aus, wie fein eine Klinge ausgeschliffen werden kann. Die *Zugschneidfähigkeit* beschreibt die Schneidfähigkeit des Stahls bei ziehenden Schneidbewegungen. Die *Zugschneidhaltigkeit* sagt aus, wie schnell das Messer durch den Zugschnitt stumpf wird. *Druckschneidfähigkeit* und *Druckschneidhaltigkeit* sind die entsprechenden Merkmale der drückenden Schneidbewegung. Die *Verschleißbeständigkeit* ist ein Maß des Widerstandes gegen abrasive Belastungen. Die *Schärfbarkeit* ist von praktischer Bedeutung. Und die *Schneidkantenstabilität* sagt aus, wie schnell eine Schneide schartig ausbricht.

Diese Kennzeichen eines Messerstahles sind zum Teil positiv gekoppelt. Wenn die Schneidkantenstabilität steigt, steigt auch die Druckschnitthaltigkeit. Anderseits sind die Merkmale gegenläufig: gute Korrosionsbeständigkeit „macht“ schlechte Anfangsschärfe. Ebenso verhält es sich mit der Zugschneidfähigkeit und der Schneidkantenstabilität.

Der Verwendungszweck muss bei der Wahl des Stahles also berücksichtigt werden, damit die Stärken, vor allem aber die Schwächen des Materials passen. Der Standhauer sollte aus einem Stahl gefertigt sein, der große Schockbelastungen aushalten kann. Wir brauchen hier einen zähen Stahl, der nicht schnell ausbricht. Das Messer zum Streifen eines Marders muss keine Schläge aushalten können, sondern scharf sein. Es darf gerne „glashart" sein.

Und bei alledem muss berücksichtigt werden, wie der Jäger sein Messer handhabt. Kürzlich gab ich meines einem Freund. Er wollte nur ein wenig Holzlocken vom trockenen Eichenkernholz zum Feuermachen schnitzen. Dabei hat er jedoch keine schneidend-schiebende Schnitzbewegung gemacht, sondern eine seitlich hebelnde. Wenn ein harter Stahl jedoch im harten Holz steckt und dann der Span mit der letzten Schneidkante nicht geschnitten, sondern herausgebrochen werden soll, bricht die Schneidkante. Diese Belastung hätte nach einem anderen Stahl verlangt.

Für den Standhauer kann ein Stahl ohne Wenn und Aber sehr gut sein, den ich persönlich als Messerstahl zu schwach finde. Und auch für jene Jäger, die das Messer als „Gebrauchsgegenstand" bezeichnen und damit eine entsetzliche Behandlung meinen, kann der oft schwache 4034er bzw. 420er richtig gut taugen. Die Messer dieser Groben werden dann lediglich stumpf sein. Wären sie aber aus feinstem Kohlenstoffstahl oder aus harten, groben Karbiden, dann wären sie sehr schnell sehr stumpf, schartig und abgebrochen.

Wer das Messer präzise führt, also lediglich Zug- und Druckschnitte mit angemessener Kraft in geeignetem Material durchführt, kann feinere Klingengeometrien mit besserer Schneidfähigkeit verwenden. Er braucht weniger Zähigkeit und kann daher mehr Härte im Stahl beherrschen. Wer jedoch sein Messer schlecht behandelt, braucht dickere Klingen, steilere Schleifwinkel und weicheren Stahl. Sonst bricht er sich die Schneide zu schnell aus. Diese Klingengeometrien und Stahlsorten machen

Schönheiten.

aber von vornherein schlechtere Schneidfähigkeiten. *Man muss sich also den guten Stahl und die gute Klingengeometrie verdienen.* Gute Handwerker haben die feinen und scharfen Messer. Die schlechten brauchen das grobe Zeug. Damit sind sie besser bedient. Ein Jäger, der im Nu seine Messer abziehen kann, legt vielleicht gar keinen großen Wert auf einen Stahl, der sehr schnitthaltig ist. Er bevorzugt die einfach und bequem nachzuschärfende, sehr endscharfe Legierung. Wer sein Messer immer zum Schärfen geben muss, wird die teuren pulvermetallurgischen Stähle bevorzugen. Deshalb muss auf die Frage: „Welches ist der beste Klingenstahl?" die Gegenfrage kommen: „Wofür und für wen soll denn der Stahl sein?" Vorher kann man die Frage nicht beantworten.

Die Aufgabe eines Jagdmessers besteht im Aufbrechen und Versorgen des Wildes und in „Küchenarbeiten" im Wald. Ich öffne mit ihm keine Dosen, und ich hacke mit ihm kein Holz. Die Klinge hat nicht viel auszuhalten. Für die gröberen Arbeiten nutze ich anderes Werkzeug. Das Aufbrechen ist vor allem ein Druckschneiden. Das heißt, man zieht nicht die Schneidenlänge hin und her über die Bauchdecke des Wildes, sondern drückt sie auf. Darum muss die Klinge auch nicht sehr lang sein. Auch das Schloss wird aufgedrückt und nicht mit dem Messer aufgesägt. Ich drücke ebenso den Brustkorb an der Knochen-Knorpel-Grenze durch. Ich bin ein „Druckschneider“. Im Jagdmesserbereich könnte man also das Schärfepotential der feinsten Druckschnitt-Stähle nutzen. Im Outdoor-Bereich – hier wird mehr gehackt und gehebelt – sind die steileren Schneidenwinkel und die Zugschnittstähle eher gefragt.

Ich erlaube mir nun doch einen Rat zur Stahlauswahl: Wenn Sie das Schärfen beherrschen und die feinen Klingen wegen ihrer hohen Schärfe mögen, so suchen Sie die alten, rostenden Jagdmesser, nutzen Sie Klingen, die in der Mitte eine rostende Schneidlage *(Laminated Steel)* haben oder als rostende Karbon-Stahl-Messer angeboten werden. Diese sind oft überraschend preisgünstig. Auch Kugellagerstahl mit der Werkstoffbezeichnung 1.3505 oder 1.2067 ist sehr gut. Das Gleiche gilt für Feilenstahl (1.2002, 1.2008, 1.2562) – trotz des Namens, der auf anderen Gebrauch hinweist. ATS 34 ist gut. Seine PM-Variante, der RWL 34, ist noch besser. Der AEB-L von Uddeholm ist feinstkörnig und rostträge. Hier ist diese fast unmögliche Kombination nahezu geglückt. Ein Spitzenstahl! „Sandvik“ bietet sehr ähnlichen Stahl an: 13C26 und 12C27. Rostfreier Rasierklingenstahl. Der 14C28N ist auch vorne dabei – und dazu gar nicht mehr so selten und teuer. Wenn Sie soliden Mittelklassestahl wollen, der für die Jagd alles kann, so sind Sie mit einem gut angelassenen 440C immer sehr gut bedient. Dieser Stahl ist sehr weit verbreitet und hat zu Recht einen guten Ruf. Er hat nichts zu tun mit den Stählen der Bezeichnung 440, 440A oder 440B. Nur gut wärmebehandelt muss er sein.

Zum Jagdmesserstahl zusammenfassend und schlagwortartig:

- Die heute nur noch relativ selten anzutreffenden, oft sehr preisgünstigen nicht-rostfreien (also rostenden) Stähle sind einfach zu schärfen, sehr scharf zu schärfen, und sie halten ihre Schärfe lange.
- Das Gros der Messer ist heute aus rostfreien Stählen. Sie sind pflegeleichter. Sie sind etwas schwieriger zu schärfen und werden nicht so scharf. Diese Nachteile fallen im Jagdbetrieb wenig ins Gewicht.
- Jede Klinge aus jedem Stahl wird stumpf und ist nur die kürzeste Zeit ihres Lebens scharf, wenn man sie nicht zu schärfen versteht.
- Die stumpfe Billigklinge ist von der stumpfen Edelklinge beim Schneiden nicht zu unterscheiden.
- Das scharfe Billigmesser ist viel besser, da hilfreicher, als jedes teure, aber stumpfe Custom-Knife.
- Man braucht sich also erst dann Gedanken um die Stahlsorte seines Messers zu machen, wenn man es schärfen kann und will. Oder wenn man es als „Einmalmesser“, also nur bis zum Verlust der Schärfe, nutzen möchte. Vom besseren Stahl hätte man in diesem befremdlichen, aber gar nicht so unüblichen Falle länger etwas.
- Keramikmesser sind die besten „Einmalmesser“. Sie werden nicht sehr scharf, halten diese bescheidene Schärfe aber lange. Man kann sie nicht mit den üblichen Methoden schärfen. Keramikmesser auf der Jagd sind die Kapitulation des Schärf-Handwerks.
- Jeder handelsübliche Stahl der Messer von Jagdausstattern ist bei richtigem Schärfen in der Lage, jede

Sau und jeden Hirsch spielend zu bewältigen. (Das kann man allerdings nicht von jeder Messerform sagen.)

- Gute Schärfverfahren holen aus den guten Stählen die beste und aus schwachen Stählen eine jagdlich noch ausreichende Schärfe.
- Schlechte Schärfverfahren bewältigen gute Stähle nicht.
- Schlechte Schärfverfahren holen aus vielen Stählen oft eine noch ausreichende Schärfe heraus, erreichen aber niemals eine gute Schärfe.

Härtegrade HRC

Um eine Klinge zu bewerben, werden häufig die Stahlsorte und der Härtegrad HRC genannt. Eine Werbung, die anpreist, ein Messer sei aus rostfreiem Edelstahl der Härte 56 HRC und jetzt womöglich noch ein Ausrufezeichen dahinter setzt, um diese vermeintlich herausragende Qualität besonders zu betonen, macht sich über den Käufer lustig, weiß es nicht besser, oder es ist ein Verkaufstrick, der immer wieder zu beobachten ist.

Härte wird angegeben in HRC. Dies ist eine Abkürzung für die Härteprüfung nach Rockwell *(**H**ardness **R**ockwell)* mit einer bestimmten Methode *(**C**)*, bei welcher ein Diamant in den Prüfkörper gedrückt wird. „Normale" Messer liegen im Bereich von 57 bis 59 HRC. Darunter liegen die (zu) weichen Klingen, darüber die harten. Härte ist allerdings nicht die einzig entscheidende Qualität der Klingenstähle, wie im vorigen Abschnitt ausgeführt wurde.

Abziehstähle richten die weichen, nicht spröde brechenden, sondern umgebogenen Schneiden wieder auf und wirken primär nicht abtragend. Sie eignen sich nur für die weichen Küchenmesser (HRC 52 bis 54), deren Schärfe naturgemäß keine lange

Standzeit hat. Japanische Küchenmesser mit den sehr harten Stählen und Jagdmesser aus Qualitätsstahl (HRC zum Teil bis 64) kann man mit einem Abziehstahl kaum schärfen, dafür aber schnell zerstören. Küchenmesser können sich eine größere Härte leisten als Jagdmesser, weil sie nicht so stark belastet werden. Sehr guter, harter Küchenmesserstahl weit in den 60er-HRC-Graden endete auf der Jagd in einer „Scharten-Katastrophe". Weiche Schlachtermesser-Schneiden auf der Jagd müsste man ständig wieder mit dem Wetzstahl aufrichten. Sie wären sehr schnell immer wieder reif für einen neuen Grundschliff, den die Wetzstähle nicht leisten können. Hier ist der Bandschleifer gut brauchbar. Schlachtermesser sind im Gegensatz zu Jagdmessern Verbrauchsmaterial.

Klingenform und Schneidverhalten

Lust und Frust am dicken Messer allerorten. Das nun Folgende ist bereits mehrfach angesprochen worden. Ich halte es jedoch einerseits für so entscheidend für die Funktionalität des Messers und anderseits für so unerkannt in weiten Jägerkreisen, dass es einen eigenen kleinen Abschnitt mit folgender Botschaft bekommen soll:

Die Klinge soll so zart wie möglich und nur so schwer wie nötig sein.

Schneiden ist Zweierlei: Zerteilen und Verdrängen. Eine dicke, rohe Karotte zu zerschneiden, ist mit einer rasiermesserscharfen, aber sehr dicken und massigen Klinge schwieriger als mit einem nicht sehr scharfen aber hauchdünnen Klingenblatt. Das dicke Messer würde die Rübe im Schneiden auseinanderbrechen und nicht zerschneiden. Teppichmesser sind auch deshalb so „scharf"

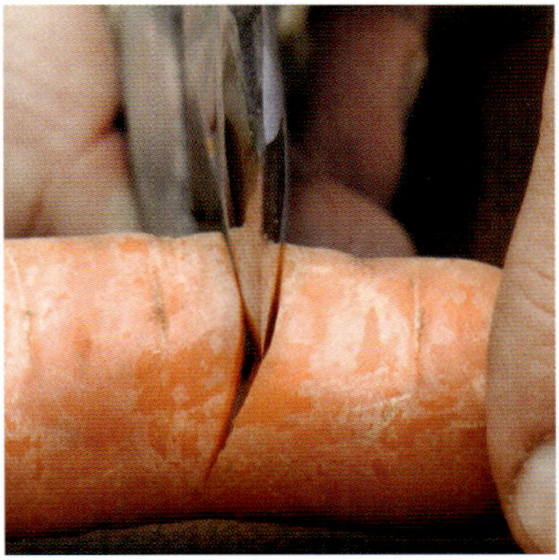

Keilwirkung dicker Klingen.

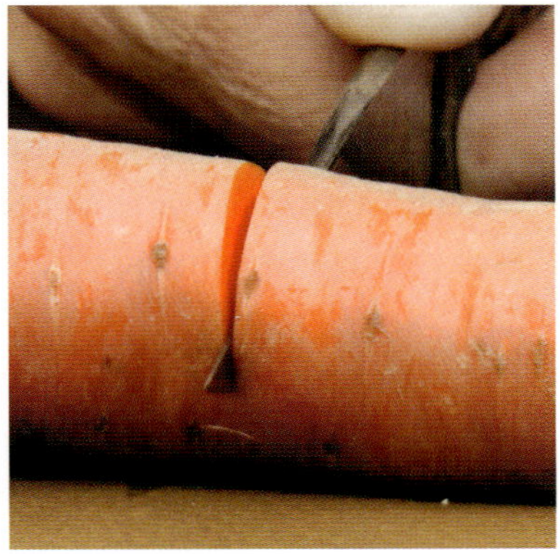

Keilwirkung dünner Klingen.

(besser: zerteilfähig), weil sie so dünn sind und beim Schneiden weniger Schnittgut verdrängen müssen als eine „sauscharfe Zaunlatte“. Das dicke Messer wäre schärfer und hätte dennoch eine schlechtere Zerteilfähigkeit. Das Gleiche gilt für das Aufbrechen des Schlosses von Schalenwild: Die dünnen, zarten Messer sind viel besser geeignet als die groben Riesenmesser. Die grobe Klinge kann noch so scharf sein. Sie zerschneidet zwar unmittelbar an der Schneide sehr leicht das Gewebe, aber das dicke Stahlmaterial muss man ja auch noch durch diesen Schneidschlitz pressen. Mit dicken Messern kann man also weiches und dehnbares Material gut schneiden. Für diese Materialien braucht man jedoch nicht die Stabilität der dicken Klinge. Dicke Klingen wie bei Spaltäxten sind nötig, um das Material auseinanderzudrücken und zu spalten – nicht zu schneiden. Man kann mit ihnen Äste abschlagen und allerlei Grobheiten veranstalten. Als Standhauer sind sie stabil genug und haben die richtige Gewichtsverteilung. Wann aber braucht ein Jäger einen Standhauer? Dafür habe ich Beil und Klappsäge. Schwere Klingen mögen bessere Dosenöffner und Kapselheber sein, aber als Schneidwerkzeuge sind sie nur mäßig geeignet. Wenn sie dann noch von imposanter Länge sind, sodass man mit ihnen auf jene Weise schneiden muss, wie man mit einem Stift schreibt, den man viel zu weit hinten greift, taugen sie kaum noch für die typischen Jägerarbeiten. Auf eine weit vor der Arbeitshand liegenden Messerspitze kann man aufgrund der ungünstigeren Hebelverhältnisse nur mit größerer Kraftanstrengung Druck aufbauen, und man kann sie wie den zu langen Stift nicht so gut führen. Mehr Kraft und weniger Kontrolle: das macht ungeschickte Schnitte. Das Messer des Nachsuchenführers nehme ich hier aus. Dieses Messer braucht Länge zum Abfangen und kopflastiges Gewicht, um als „Machete“ den Weg durch Dornen zu schlagen. Ansonsten ist unauffällige Zierlichkeit auf der Jagd oft ein Vorteil und die Magnum-Ausführung nur behindernd.

Auch der neue Trend, das Wild zu ringeln, spricht für die schmale Klinge. Mit einem spitzen Nicker kann man sehr einfach einen Schnitt zwischen Weidloch und Schwanzwurzel setzen. Dort ist nicht genug Platz für ein schweres Weidblatt. Dann hakelt man mit dem Zeigefinger oder mit der Hakelklinge eine Enddarmschlinge aus dem Schnitt und schärft das Weidloch ab. Dieser Schnitt verlangt nach einer kleinen Klinge, da die mit dem Finger gespannte Schlinge nicht viel Raum bietet. Hinzu

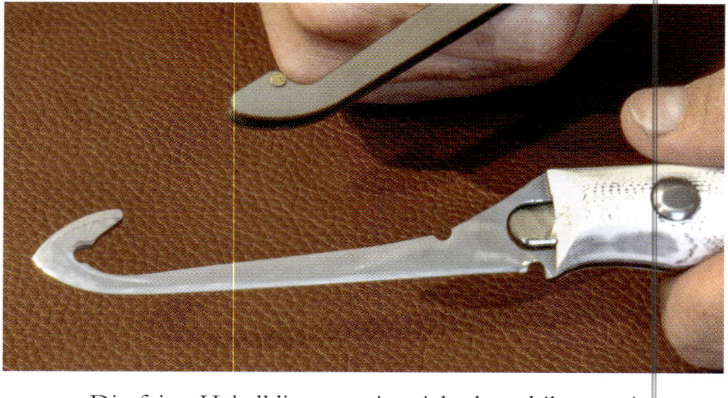

Die feine Hakelklinge erwies sich als stabil genug!

Klein, scharf und effektiver als die Großen!

kommt Folgendes: Weil ein gutes Schneidverhalten im Sinne eines einfachen Eindringens in das Schneidgut also auch mit Materialverdrängung zu tun hat, haben sehr flach angeschliffene Klingen ein „schärferes“ Schneidverhalten. Ein spitzer Schneidenwinkel führt nicht so schnell dickes Klingenmaterial nach, das durch den Schneidschlitz gedrückt werden muss.

Ein spitzer Schneidenwinkel macht jedoch das Messer empfindlicher. Wenn der Winkel zu spitz ist, ist das Messer superscharf und superschnell wieder stumpf und schartig. *Mit einer dünnen Klinge aber kann ich mir steilere und stabilere Schneidenwinkel erlauben.* Denn nach geringer Schnitttiefe ist das dünne Blatt mit dem Auseinanderdrücken des Schnittgutes durch die schmale Schneide bereits fertig, während die dicke Klinge immer noch für sich Schnittbreite schaffen muss. Das dicke Blatt muss deshalb spitzer angeschliffen werden. Damit wird es aber an der empfindlichsten Stelle des Messers, der Schneidkante, noch empfindlicher. Mit einer dicken Klinge, deren Stabilität nicht benötigt wird, kaufen wir uns also eine empfindlichere Schneidkante und eine geringere Zerteilfähigkeit ein.

Das dünne Messer mit dem steileren Schleifwinkel bleibt länger scharf. Ich bevorzuge die dünnen Klingen und habe noch niemals Klingenbruch erlitten.

Ohne Frage ist ein Kompromiss zwischen Stabilität und Schneidleistung immer einzugehen. Man kann zweifellos an eine zu schwache Klinge geraten. Ich habe aber den Eindruck, unsere Jagdmesser sind oft zu wuchtig, dick und groß. Ein imposant schweres Messer ist kein gutes Jagdmesser. Imposanz und ästhetischer Geschmack scheinen mir die Hauptursache für die weite Verbreitung der großen Messer zu sein. Gebrauchsfähigkeit ist es nicht.

Fachbegriffe

Ein paar Begriffserklärungen sind zur weiteren Verständigung nötig.

Der *Messerrücken* ist die stumpfe, der *Schneide* gegenüberliegende Seite der Klinge. Zur scharfen Schneide hin wird das Klingenmaterial dünner.

Wenn diese Materialverjüngung im Querschnitt betrachtet flach ist, also in gerader Linie verläuft, spricht man von einem *Flachschliff* des Messers. Das Profil sieht aus wie ein sehr spitzes Dreieck: Die kurze Seite ist der Klingenrücken. Er bestimmt die *Klingenstärke*, auch *Klingendicke* genannt. Die beiden langen Seiten des Dreiecks sind die *Klingenseiten*. Sie berühren sich und bilden dort die *Schneidkante*. Vom Rücken zur Schneidkante wird die *Klingenhöhe* oder auch *Klingenbreite* gemessen. Der Begriff *Klingenlänge* ist selbsterklärend. Sie reicht von der Klingenspitze bis zum Beginn des Griffs bzw., falls vorhanden, bis zum *Parierstück*.

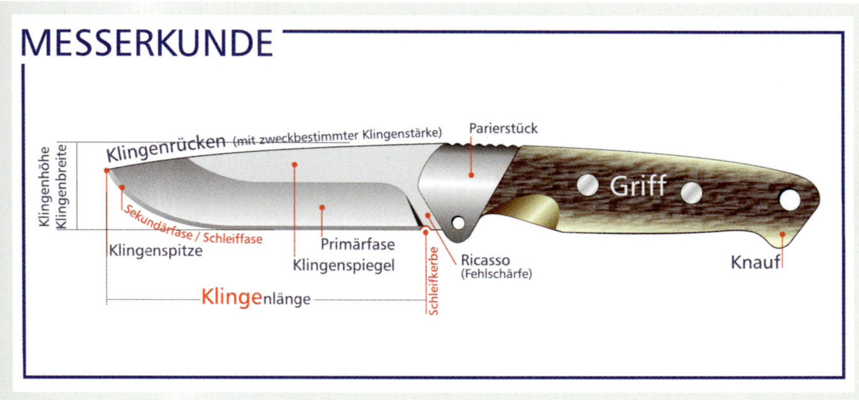

Ein paar wenige Fachbegriffe sind ausreichend.

Der soeben angesprochene *Flachschliff* könnte dadurch entstanden sein, dass der Messerschmied dem Messerrohling auf dem ebenen Bandschleifer seine primäre Form gegeben hat. Dieser primäre Schliff wird auch *Primärfase* genannt. Wenn dieses Messer später geschärft wird, so schleift man an die Primärfase noch die *Sekundärfase*. Häufig bezeichnet man diese Sekundärfase nur als „die Fase“.

Wenn der Flachschliff nicht bis hoch zum Klingenrücken gezogen ist und somit ein Teil der Klingenhöhe nicht zur Schneidkante hin dünngeschliffen ist, so bezeichnet man diesen flachen Teil der Klingenseite als den Spiegel. Die meisten Jagdmesser haben diesen Spiegel, an den die das Klingenprofil bestimmende Primärfase anschließt (Hohl- oder Flachschliff) und an welche dann beim Schärfvorgang die Sekundärfase angeschliffen wird. Diese Schärffase erhält mitunter im mikroskopisch kleinen Bereich noch eine *Mikrofase*. Sie entsteht unbeabsichtigt im Rahmen der Entfernung des letzten Grates durch das Abziehen auf Leder. Oder sie wird absichtlich mit einem sehr feinen Stein und mit wenigen, zarten Zügen angehaucht, um eine sehr spitze Schneidkante zu stabilisieren.

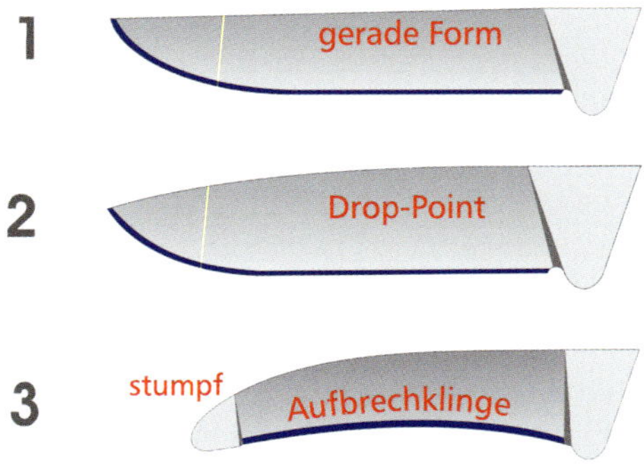

Aufbrechklinge: verzichtbar! Schwer zu schärfen, da konkav.
Besser zum Aufbrechen geeignet:

Schafsfußklinge mit nur ganz leicht abgerundeter Spitze und flach geschliffener / entfernter Schneidkante auf ca. 1,5 cm.
Wenn beim Aufbrechen die Klinge sehr flach geführt wird, drückt die stumpfe Spitze das Gescheide vor der Schneide weg. Die Spitze ist noch scharf genug, um das Zwerchfell zu durchstechen.

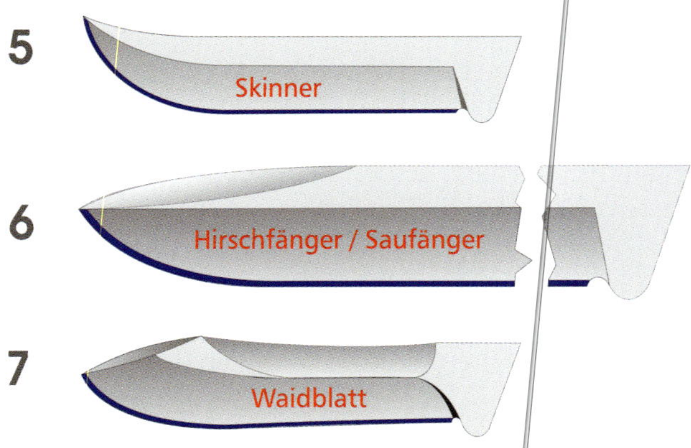

Verschiedene Klingenformen – der Zweck bestimmt die Form.

Eine am Klingenrücken bereits beginnende Primärfase ohne Spiegel ermöglicht die am spitzesten zulaufende Schneide. Wenn der Schmied den Primärschliff erst tiefer unter dem Klingenrücken beginnt, wird die Schneide „keiliger". Ihr Winkel wird größer. Schweden- und Finnenmesser haben häufig dieses Klingenprofil. Es wird daher auch *Scandi-Schliff* genannt. Wenn an diese Scandi-Primärfase nun noch die sekundäre Schärffase kommt, ist der Schneidenwinkel schnell für eine wirklich gute Schneidleistung in manche Materialien zu groß. Daher wird hier zum Teil auf eine zusätzliche Sekundärfase verzichtet und die Primärfase auch als Schärffase genommen. Man zieht dann die gesamte Breite des Primärschliffs über die Steine. So geschieht es übrigens auch bei vielen japanischen Messern. Sowohl das Higonokami mit seinem Scandi-Schliff als auch viele einseitig beschliffene Küchenmesser haben keine Sekundärfase. Das Schärfen dieser Messer ist relativ einfach. Denn die Schleiffläche ist so groß und breit, dass man sie flach auf den Stein aufsetzen und einfach mit Druck der Finger von oben im automatisch richtigen Schärfwinkel fixieren kann. Wenn aber die Schleiffase wie bei den anderen Klingenprofilen nur zwei Millimeter breit ist, muss man den Schleifwinkel „per Auge" treffen und nicht per Fingerdruck. Scandi-Klingen sind also dann sehr einfach zu schärfen – wie Rasiermesser –, wenn keine Sekundärfase angeschliffen wird. Es muss dann allerdings immer eine sehr breite Fase bearbeitet werden. Das bedeutet, dass sehr viel Material abgetragen werden muss. Eine Scandi-Klinge mit Scharte bedeutet viel mehr Arbeit als bei anderen Klingenprofilen. Eine gut gepflegte Scandi-Schneide ist jedoch wie ein sogenannt „derb" geschliffenes Rasiermesser. Meine Higonokamis ziehe ich auch über die alten Escher-Rasiermesser-Steine und bearbeite sie wie Rasiermesser. Ich bevorzuge die Rasiermesser-Rasur und verwende dafür gelegentlich auch diese Taschenmesser. Es

Klingenprofile

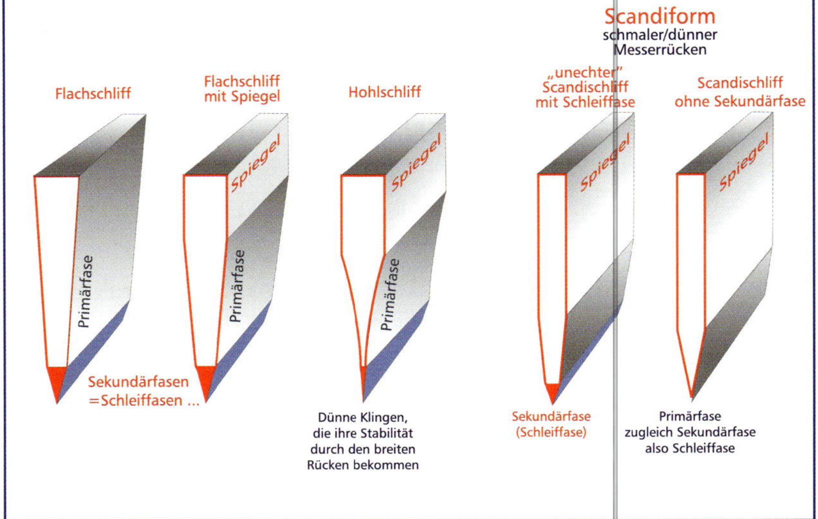

Klingenprofile bestimmen wesentlich das Schneidverhalten.

funktioniert einigermaßen. Kein Wunder, dass sie auch zum Streifen des Raubwildes eine so gute Hilfe sind.

Der Scandi-Schliff ist also ein spät ansetzender Flachschliff. Dieses späte Ansetzen des Schliffs können sich jedoch viele Scandi-Klingen gut leisten, ohne einen plumpen Schleifwinkel zu erhalten, weil sie aus dünnem Material gearbeitet sind.

Wenn der Schliff nicht mehr flach, sondern hohl ist, als ob der Messerschmied die Klinge nicht auf einem Bandschleifer, sondern auf einem runden, rotierenden Schleifstein hergestellt hätte, spricht man sinnvollerweise von einem *Hohlschliff*. Das Klingenmaterial ist konkav ausgearbeitet. Vom Klingenrücken zur Schneide verjüngt sich das Material zunächst sehr schnell, um dann in einem dünneren Blatt zur Schneidkante hin noch flacher auszulaufen, als es bei einem Flachschliff möglich gewesen wäre. Diese Klingen haben immer eine sekundäre Schärffase, auch weil man die Hohlform kaum auf gesamter Breite abziehen könnte. Hohlschliffklingen sind besonders empfindlich und schneidfähig.

Das Gegenteil des konkaven Hohlschliffs ist der konvexe, *ballige Schliff*. Er weist die größte Stabilität auf. Haumesser, Beile und Äxte werden gerne so geschliffen. Eine unsauber geschärfte Schneide kann aus Unfähigkeit, den Schleifwinkel zu halten, ebenfalls etwas ballig werden. Ich gehe noch darauf ein, warum das nicht diese oft erklärte Katastrophe im praktischen Betrieb sein muss. Selbst die unglaublich scharfen, japanischen Samurai-Schwerter, die Katanas, haben den balligen Schliff.

Der *einseitige Schliff* wurde bereits angesprochen. Ihn findet man bei japanischen Küchenmessern. Jagdmesser haben ihn nicht. Ich empfinde diesen Schliff als sehr gewöhnungsbedürftig, weil das Messer beim Schneiden seitlich auswandert.

Der *Wellenschliff*: Er ist eine großartige Erfindung für das Brotmesser. Er oder der verwandte Sägeschliff befinden sich gelegentlich auch auf den ersten Zentimetern der Schneide vor dem Griff des Jagdmessers. Wenn man ein furchtbar stumpfes Messer hat, kann man wenigstens mit dem Wellenschliff die Schwarte noch irgendwie aufreißen. Der Wellenschliff stört aber das Nachschärfen. Er ist bei scharfen Messern vollkommen unnötig. Wer seine geraden Schneiden nicht schärfen kann, kann erst recht den Wellenschliff nicht schärfen. Auch er ist wie die Keramikklinge bei Jagdmessern eine Kapitulation des Schärf-Handwerkes.

Alle Kombinationen der oben beschriebenen Profile sind möglich: Scandi-Schliff als Hohlschliff, einseitiger Schliff mit Sekundärfase, und so weiter.

Viele Klingen sollen nicht schon direkt am Griff scharf sein. Ihr Schliff endet ein paar Millimeter vor der *Parierstange*. Sie haben eine sogenannte *Fehlschärfe*. Nicht selten geht die scharfe Schneidkante nicht direkt in die Fehlschärfe über, sondern ist getrennt von ihr durch eine halbrunde *Schleifkerbe*. Diese Kerbe erleichtert das Schärfen, da durch sie kein Übergang von „scharf zu stumpf" zu schleifen ist. Ich feile daher gerne an neue Messer diese Schleifkerbe. Sie hat den Nachteil, dass sie unästhetisch sein kann und im Schnittgut hängenbleiben kann, wenn man sehr dicht am Griff schneidet. Bei kleiner Kerbe und kurzer Fehlschärfe spielt dies jedoch keine Rolle.

Die Hohlklinge ist eine Konstruktion, um Stabilität mit der Schneidfähigkeit eines dünnen Blattes zu vereinen. Hier wird ein dünnes Blatt mit einem starken Klingenrücken kombiniert.

Eine sehr breite, von der Schneide zum Rücken gerade verlaufende, also flachgeschliffene Klinge verfolgt das gleiche Ziel. Denn es stabilisiert nicht nur die Klingenstärke, sondern auch die Klingenhöhe. Ein breites Blatt braucht nicht so stark zu sein. Um auf die Karotte zurückzukommen: Scharfe Gemüsemesser sind dünn und deshalb oft sehr hoch. Fleisch ist einfacher zu schneiden und verlangt nicht nach sehr dünnen Blättern und spitzen Schneidwinkeln.

V.
Der Schärfvorgang

Ein Tipp vorab: Schwere Messer mit geschwungenen Formen sind schwieriger zu schärfen als kleine Messer mit geraden Schneiden. Den Klingenbauch des Waidblattes bekommt man nicht so einfach scharf wie den kleinen Nicker. Vielleicht sollte man mit dem Einfachen beginnen. Ein kleines altmodisches Küchenmesser, vielleicht sogar eines mit nicht rostfreiem Stahl, Dünnschliff und gepließtet, wird auch der Anfänger in wenigen Minuten grausam scharf bekommen. Es eignet sich besonders gut für die ersten Übungen.

„Extremmesser".

Beginnen sollte man beim Erlernen des Messerschärfens mit dem Einfachen: Ein kleines altmodisches Küchenmesser kommt für die Anfänge gerade recht. Kleine Messer mit geraden Schneiden sind in jedem Fall leichter zu schärfen als schwere Messer mit geschwungenen Formen.

Strukturiertes Vorgehen

Vier Bewegungsmuster reichen aus, um ein Messer zu schärfen:

- linke Fase mit Stein schruppen, schleifen, abziehen, polieren;
- rechte Fase mit Stein schruppen, schleifen, abziehen, polieren;
- linke Fase mit Riemen abziehen;
- rechte Fase mit Riemen abziehen.

Diese vier Bewegungsmuster sind planvoll und mit den passenden Schärf-Werkzeugen durchzuführen. Dann bekommt man jedes Messer scharf! Dieser nun folgende Plan ist eine Hilfe nicht nur für den Anfänger. Der Fortgeschrittene mag ihn variieren oder auf zunächst noch unverzichtbare Handgriffe verzichten. Wer jedoch noch nicht „wie selbstverständlich" jedes Messer zum Rasieren bringt, halte sich an diesen simplen Plan.

Ein schartiges, sehr stumpfes Messer braucht den Schruppstein. Ein nur stumpfes Messer wird auf ihn verzichten können. Man wird hier mit dem Schärfstein beginnen. Ein noch einigermaßen scharfes Messer wird man nur abziehen und polieren oder vielleicht sogar nur polieren. Die Arbeitsschritte werden also vom Zustand der Klinge bestimmt. Häufig wird der Fehler gemacht, zu fein zu beginnen. Es gilt:

Lieber den gröberen Stein kurz verwenden, einen neuen Grat *(siehe weiter unten)* **mit wenigen Strichen anlegen und dann wieder zum Feineren hinarbeiten, als dem Grat mit zu feinen Steinen hinterherzulaufen.**

Die Arbeit braucht eine klare, einfache Struktur. Man sollte nicht unsystematisch linke und rechte Fase bearbeiten und in den Körnungen vor und zurück wechseln, sondern:

1. Zuerst an der linken Schleiffacette griffnah mehrere Züge hintereinander durchführen, weil der griffnahe Klingenanteil als Schneiden-Endstrecke im folgenden Schärfprozess seltener bestrichen wird als der Mittelteil der Klinge. (Den Mittelteil beschleift man automatisch jedes Mal mit, auch wenn man nur einen Teil der Klinge bearbeitet, die Endstrecken dagegen nur, wenn man sich gezielt um sie kümmert.)
2. Dann die Klinge über ihre gesamte Länge bearbeiten.
3. Zum Schluss die Spitze als die andere Schneiden-Endstrecke mehrfach streichen.

Diesen Prozess so lange wiederholen, bis ein Grat auf gesamter Schneidenlänge entstanden ist.
Diesen Grat kann man sehen und fühlen.

Ein kleiner Grat reicht. Es sollte nur ein kleiner Grat entstehen.

Ein großer Grat bedeutet unnötigen Materialabtrag, Klingen- und Steinverschleiß. Deshalb wird der soeben beschriebene Prozess nur in jenem Bereich der Schneide wiederholt, welcher noch keinen Grat aufweist.

Wenn der Grat komplett ist – nicht vorher! – auf die rechte Klingenseite wechseln und auf die gleiche Weise die andere Fase bearbeiten.

Um Asymmetrien der Schneidengeometrie zu verhindern, müssen beide Klingenseiten etwa gleich intensiv bearbeitet werden. Andernfalls wandert die Schneidkante aus der Mittellinie und es entstehen zwei unterschiedlich breite Fasen. Man kontrolliere per Augenschein die Symmetrie der Schneide.

Jetzt wiederholt sich der beschriebene Ablauf mit dem nächstfeineren Stein. (Es ist aber nicht verkehrt, zuvor noch mit dem gröberen Stein den Grat durch ein oder zwei vorsichtige Striche wieder zu verkleinern, um dem nun zu verwendenden feineren Stein die erste grobe Arbeit abzunehmen)

Zum Schluss kommt das Leder zum Einsatz.

Das ist schon die ganze taktische Kunst gewesen Dies ist der einfache Plan, den es umzusetzen gilt: Immer auf gesamter Schneidenlänge einen (möglichst kleinen) Grat erzeugen und diesen immer weiter reduzieren.

Dazu noch zwei Tipps:

1. Es empfiehlt sich, zur Schonung des Steines denselben gelegentlich zu drehen und seine ganze Länge und Breite zu nutzen.
2. Das Säubern der Klinge ist wichtig. Zwischen zwei Steinen unterschiedlicher Körnung sollte man den entstehenden Schleifschlamm entfernen und die Klinge säubern, um nicht den feinen Stein mit grobem Korn seines Vorgängers zu verunreinigen. Andernfalls zerkratzt das grobe Korn das feinere Schleifbild. Erfahrungsgemäß ist jeder dafür benutzte Lappen schnell die größte Schmutzquelle. Man sollte die Klingen daher mit nur einmal verwendetem Zellstoff (Küchenrolle oder Klopapier) abwischen oder besser noch unter fließendem Wasser abwaschen.

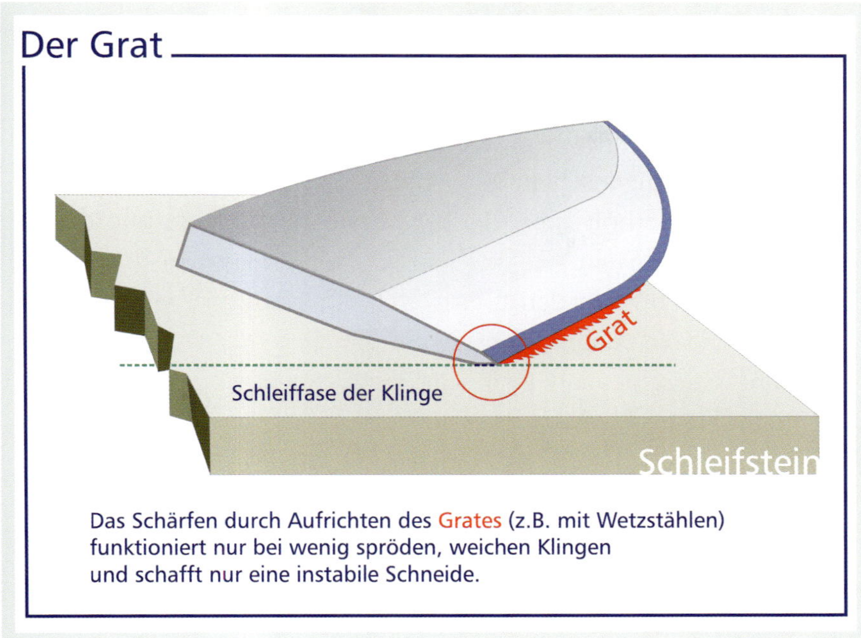

Der Grat spielt die größte Rolle beim Schärfen.

Den Grat erkennen

Um den soeben beschriebenen Schleifvorgang durchführen zu können, muss man den Grat erkennen. Auch dazu muss das Messer zuvor gereinigt werden.

Einen größeren Grat kann man sehr gut sehen. Er reflektiert das Licht und erscheint wie eine weiße Linie an der Schneidkante.

Man kann ihn mit den Fingerbeeren spüren. Über eine gratfreie, also glatte und blanke Schneide, rutscht die Haut, ohne einen Widerstand dabei zu spüren. Ein Grat jedoch kratzt.

Fingernägel bleiben am Grat hängen. Man kann ihn also mit den Nägeln „erkratzen".

Tests zum Erkennen des Grates:

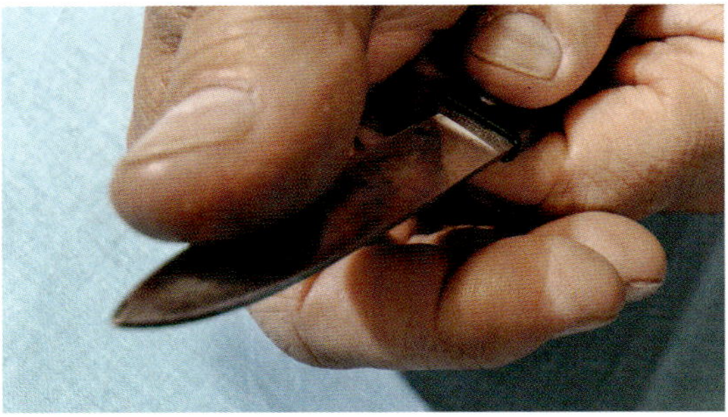

Der Grat kratzt spürbar an der Fingerbeere.

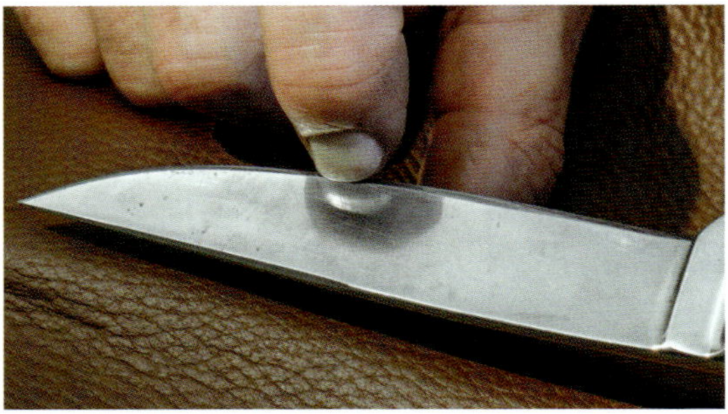

Der Fingernagel bleibt am Grat hängen.

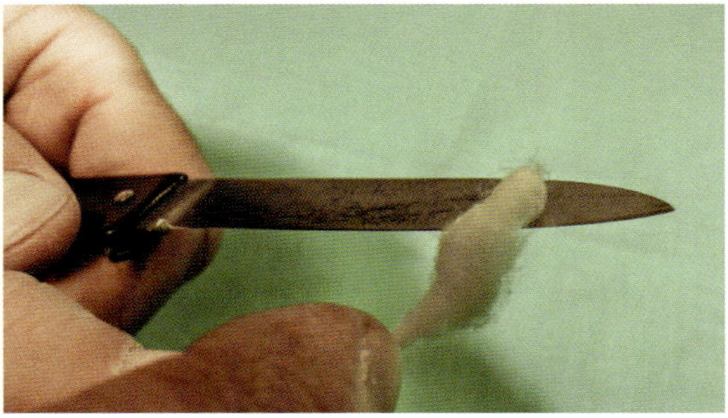

„Fusseleffekt" – Fasern bleiben am Grat hängen.

Eine gratfreie Klinge über ein flach auf dem Tisch liegendes Stück Klopapier gezogen gleitet „wie geölt" darüber. Mit Grat gibt es ein Kratzgeräusch, und es bleiben Zellstofffussel an ihm hängen. Dieser „Fusseleffekt" ist auch zum Erkennen des Grates mit einem Wattestäbchen zu nutzen. Streicht man mit dem Stäbchen über die Schneide, reißt ein Grat Fasern aus der Watte. Auch bei diesem Test hört man den Grat kratzen.

Das Abziehen auf dem Lederriemen

Der Lederriemen entfernt Grate, die selbst nach längerem Polieren immer noch vorhanden sind. Der Schärfeffekt des Lederriemens kann sehr eindrucksvoll sein. Er schließt den Schärfvorgang mit einem großen Schritt ab, und er reicht mitunter aus, einem zuvor gut abgezogenen Messer, das nicht zu stumpf geworden ist, wieder die volle Schärfe zu geben. Der Lederriemen wird mit Schleifpasten (Siliziumkarbid, Chromoxid, Eisenoxid, Diamant) präpariert, oder er bleibt unbehandelt. Die Siliziumkarbidpaste ist ein scharfes und relativ grobes Schleifmittel. Der unbehandelte Riemen trägt so gut wie gar nicht mehr ab, sondern fungiert nur noch als „Bürste", um die letzten abgekippten „Metallhärchen" der Schneide in die rechte Form zu bringen.

Feinste japanische Messer werden traditionell nicht mit dem Leder geschärft. Sie werden auch ohne Leder unglaublich scharf. Dafür ist dieses Verfahren im Bereich des Rasiermesser-Schärfens gar nicht wegzudenken. Es mag also sein, dass es sich um zwei unterschiedliche Schärfverfahren handelt, die der sehr Korrekte nicht vermengen möchte. Vielleicht sind präzise abgezogene und mit dem Stein polierte Klingen auch mit dem Leder nicht mehr schärfer zu bekommen. Wie dem auch sei – hier zählt die Praxis, und es gilt: Das Leder lohnt sich sehr!

Das Abledern lohnt sich in unterschiedlichem Maße je nach Stahlqualität. Es muss sich schon um einen hochwertigen und „feinkörnigen" Stahl handeln, damit der sehr feinkörnige Eisenoxid-Riemen noch eine Verbesserung bringen kann. Es ist sinnlos, einen einfachen Stahl damit abzuziehen. Wir bewegen uns am Rande jagdpraktischer Relevanz. Der Siliziumkarbid-Riemen

Der Lederriemen bringt uns weit voran!

Schleifmittel.

aber lohnt sich fast immer, der Chromoxid-Riemen nur bei den besseren Jagdmessern.

Die Schleifpasten haben also unterschiedliche Korngrößen. Man wird hier ausprobieren müssen.

Kurz schruppen, lange polieren

Solange nicht Scharten eine aufwändige Schleifarbeit verlangen, sondern nur ein sehr stumpfes Messer wieder geschärft werden soll, kommen die Schruppsteine, wenn überhaupt, nur sehr kurz und die Poliersteine am längsten zum Einsatz. Die Schneidengeometrie sollte man also mit möglichst wenigen, klaren, selbstbewussten Strichen wieder herzustellen anstreben. Das Schärfen dann verlangt nach mehr Strichen, ist aber auch recht schnell erledigt. Das Polieren aber braucht geduldige Gründlichkeit.

Wie bereits gesagt: Es gibt Praktiker, die nur recht grobe Steine (bis JIS 1000 etwa) verwenden und sehr schnell auf die Siliziumkarbid-Riemen wechseln. Sie verzichten auf Feinschliff und Steinpolitur, nicht jedoch auf die Entfernung des Grates durch den Lederriemen. Sie haben Folgendes beobachtet: Die sauber aber nicht zu fein abgezogene und entgratete Schneide kann schon sehr scharf sein und hat auch eine ausreichende Standzeit. Sie verliert aber wieder etwas an „Biss“, wenn man ihr die noch bestehende „Feinsägequalität“ durch die Verwendung feinerer Steine nimmt. Mit diesen Messern ist die Armrasur ohne Probleme möglich. Ein gutes Jagdmesser muss nicht zwangsläufig einer aufwendigen Politur durch feinste Steine unterzogen werden. Die weiter unten angeführte Frage also, ob es sich bei der Schneidkante mehr um eine Säge oder um eine glatte Schneide handelt, erübrigt sich „im elektronenmikroskopischen Bereich“. Es bleibt immer eine Säge! Hier geht es nur noch um die Frage, wie groß deren Zähne sein dürfen, um eine praktische Schärfe zu liefern. Die mit bloßem Auge bereits sichtbare „Haushalts-Schärfgerät-Zahnung“ ist vollkommen unbrauchbar grob und instabil. Die mit bloßem Auge nicht mehr zu erkennende „Sägeschärfe“ nach 1000er-Abziehstein und Siliziumkarbid-Riemen ist für Rasiermesser und Mikrotome noch nicht, für ein Jagdmesser jedoch schon sehr gut brauchbar. Das heißt also, man könnte sich eine ganze Menge Mühe ersparen und auf die Feinarbeiten des Messerschärfens verzichten und dennoch ein wirklich scharfes Jagdmesser bekommen. Die Schärfe einer gut mit Schärfstein und Siliziumkarbid-Riemen hergerichteten, nicht mit dem Stein abgezogenen und polierten Klinge übertrifft jene der meisten Nicker in unseren Revieren. Viele Jäger wären sehr froh, wenn ihre Messer so scharf wären. Abgezogen und durchpoliert gleitet der Stahl jedoch noch leichter durch Bauchdecke und Brustkorb der Beute. Die Schärfe hält länger. Die Fase spiegelt hübscher. Vielen Jäger genügt sicherlich das „1000er-plus-Riemen-Messer“. Feinere Steine zu benutzen, verlangt jedoch keine zusätzlichen handwerklichen Fertigkeiten. Wer sein Messer mit dem Schärfstein scharf bekommt, bekommt es mit den Abzieh- und Poliersteinen noch schärfer – wenn er den Druck beachtet.

Druck

Mit falschem Druck verdirbt man Messer und Steine, und man bekommt kein Messer scharf. Man fängt beim Schärfen eines stumpfen Messers durchaus mit leichtem Druck an. Der Anfänger ist bei den groben Steinen gerne etwas zu vorsichtig und zurückhaltend und bei den feinen dafür zu grob.

Die hartgebundenen und etwas gröberen Steine vertragen mehr Druck als die weichgebundenen und feinen. Man kann nicht nur die Steine mit dem Messer beschädigen, sondern auch umgekehrt. Messer aus dicken Klingen vertragen mehr Druck als die zarten Blätter. Wenn der Druck so hoch ist, dass die ganze Klinge verbogen wird – und dies geschieht schneller, als sich mancher vorzustellen vermag –, so schleift man die Gerade der Schneide zum Bogen. Durch Druck auf die Klinge biegt diese sich und wird deshalb nicht mehr auf ganzer Länge gleichmäßig abgetragen. Dies hat bei weniger Druck zur Folge, dass die Klinge nun nicht mehr auf ganzer Länge Kontakt zur planen Steinfläche haben kann. Diesen Effekt kann man wieder besonders gut bei den Scandi-Klingen oder einseitig geschliffenen Küchenmessern erkennen. Wenn ihre Fasen mit den gröberen Steinen wirklich plan geschliffen sind, stellt sich auch ein Poliereffekt bei Verwendung der feinen Steine auf der kompletten Fasenfläche ein. Hat man jedoch beim Vorschliff durch zu viel Druck die Klinge verbogen und deshalb ungleichmäßig Material abgetragen, so wird ein entsprechend ungleichmäßiger Poliereffekt zu sehen sein. Die hohlen Klingenanteile bleiben rau und werden nicht weiter geschärft. Bei manchen Messern kann man beobachten, dass die Fase ungleichmäßig breit ist. Dies kann daran liegen, dass die Klingen von vornherein einen Bogen hatten.

Um anfangs schneller voranzukommen, kann der Druck etwas erhöht werden. Wenn man aber zum Ende des Schärfprozesses nicht ganz zart die Klinge über den Stein streichelt, kann die beste Schärfe nicht kommen. Es werden Elastizitätseffekte an der mikroskopisch feinen Schneidkante sein, die dies begründen.

Man stellt sich das Klingenmaterial gerne starr wie Glas vor. Das ist nicht der Fall. Der Rasiermesserbereich kann hier wieder lehrreich sein. Dort müssen die Klingen die Nagelprobe bestehen. Der Messerschleifer zieht die Schneide flach über den Daumennagel und beobachtet, wie sich die Schneide durch den Druck des Fingernagels unter ihm ausbeult. Wenn ein vollhohl geschliffenes Rasiermesser abgeledert wird, wenn es also mit sehr wenig Druck über einen Lederriemen gezogen wird, so kann man beobachten, dass sogar der weiche Lederriemen die Schneide verbiegt. Rasiermesser können so flexibel sein, dass sich ihr Stahl den Hautkonturen anpasst und sie deshalb besonders gründlich und schonend rasieren. Dieser Effekt kommt zustande, weil das Material so dünn ist. Ein Jagdmesser besteht die Nagelprobe nicht. Es ist zu klobig. Aber an der Schneide wird auch der Nicker dünner, als es das Rasierklingenblatt ist. Hier wird der Stahl flexibel. Hier ist er verformbar. Wir schleifen also keine starre Substanz, sondern ein Material, das unter Belastung ausweicht. Wenn wir also eine definierte Form in den Stahl hineinschleifen möchten, müssen wir bedenken, dass wir an der Schneidkante niemals mehr Druck aufbauen können, als es der Stahl zulässt, bevor er ausweicht. Wenn jedoch die dünnsten Schneidenanteile ausweichen, bearbeiten wir beim Schleifen nur jene Schneidenanteile, die nicht ausweichen konnten, weil sie zu unflexibel und dick sind. Wir bearbeiten dann gar nicht mehr die letzte, feinste Schneidkante, sondern einen Bereich kurz davor. Je weniger Druck wir ausüben, umso weniger Schneidkante weicht aus und umso dichter kommen wir deshalb an die letzte Kante, die letzten Stahlkörner, die Region also, in der Schärfe stattfindet. Schärfe kann man deshalb nicht mit Druck erreichen. Ein guter Abziehstein muss also Stahl ohne Anpressdruck abscheren können. Das Ausweichphänomen ist auch verantwortlich für die Gratbildung. Dazu komme ich noch.

Es geht in diesem Abschnitt um Druck: Der Diamant soll immer wenig Druck bekommen und alleine arbeiten. Er kann es. Er braucht keinen Druck. Dieser macht ihn nur schnell stumpf und unbrauchbar.

Wenn der Lederriemen mit Druck verwendet wird, macht er die Klinge wieder stumpf. Druck ist daher nur vor dem Schärfen zum Polieren der Spiegel sinnvoll, nicht zum Abziehen. Darauf gehe ich noch gründlicher ein.

Die Bedeutung des Schleifschlammes

Die Bedeutung des Schleifschlammes wird durchaus kontrovers diskutiert. Es gibt Autoren, die meinen, auch typische Wassersteine sollte man trocken (!) verwenden. Für mich käme das nicht infrage. Man fühlt mit Wasser und Schleifschlamm etwas ganz Anderes als beim trockenen Schleifen.

Wenn man den Stein mit einem zweiten, kleinen Stein anreibt, um Schleifschlamm zu erzeugen, oder wenn man einen Stein abrichtet, indem man ihn mit einem zweiten Stein beschleift, ist zu beobachten, dass man mitunter deutlich Kraft aufwenden muss, um diese Steine wieder voneinander zu lösen. Sie haften fest aneinander – aber nur, wenn sie vollkommen plan sind und ihr minimaler Zwischenraum sich mit dem Schleifschlamm abschließen kann. Ich habe den Eindruck, dass sich auch Klinge und Stein im feuchten Milieu auf diese Weise erst richtig verbinden und die präzise Position zueinander finden können. Wenn man ein Higonokami-Messer mit seiner großen Kontaktfläche

Schleifschlamm nach dem Anreiben.

Adhäsionseffekt.

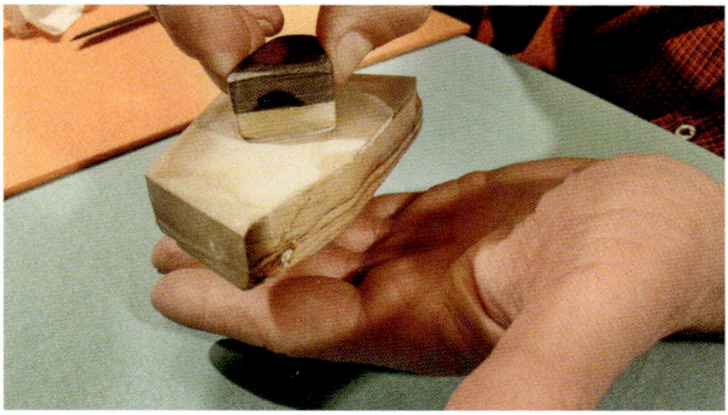

Kein Fake! Das Messer „klebt“ durch den Schlamm am Stein.

der Scandi-Fase auf einem sehr gut abgerichteten und feinen Stein abzieht, kann man beobachten, dass auch die Klinge am Stein haftenbleibt. Man kann das Messer loslassen, und es klebt mit der Klinge an der Steinoberfläche. Ich denke, dass dieser Adhäsionsvorgang auch beim Schärfen mit kurzfasigen Messern zu spüren sein kann. Das Wasser bzw. der Schleifschlamm helfen, die Klinge zu führen. Nur beim nassen Abziehen habe ich das

Gefühl, jetzt die Fase sauber auf dem Stein zu haben und so richtig gute Schärfe zu erzeugen. Das Feeling ist anders, besser! Das ist Gefühl. – Theorien besagen, dass der Steinabrieb im Schlamm zerkleinert wird und somit eine feinere Körnung erzeugt. Zudem öffne das Wasser den Stein und mache ihn schärfer. Deshalb benutze man auch den Anreibestein, auch als „Nagura-Stein" bezeichnet. Dieser erzeugt schon vor dem Kontakt mit dem Stahl Schleifschlamm und öffne die Poren im Stein. Der Schlamm verhindere ein Zusetzen des Steines mit dem Klingenabrieb. Der Haupteffekt des Schleifschlammes wird jedoch darin bestehen, selbst Schleifmittel am Stahl zu sein. Nicht nur die noch in der Steinmatrix eingebundenen Kristalle tragen den Stahl ab, sondern auch die bereits gelösten und im Schlamm befindlichen. Schleifschlamm macht den Stein schneller. Er macht ihn aggressiver. Aber man findet Hinweise, dass der Schlamm beim feinsten Endabzug – und nur dort – wieder stumpf macht.

Die Schleifschlammwelle vor der Schneide scheint wieder stumpf zu machen. Im gleichen Maß, wie Schärfe durch Abtrag an der Fase erzeugt wird, wird sie durch Abtrag an der Kante

Wenig Schleifschlamm genügt.

wieder vernichtet. Beim Schärfen von Rasiermessern sollte deshalb der Schleifschlamm immer weiter verdünnt werden, bis schließlich nur noch mit Wasser abgezogen wird. Ich reibe manche Steine auch gerne an und sehe aber zu, den Schleifschlamm dünn zu halten. Hier kann man jedoch sehr schlecht Tipps geben. Die „Schleifschlamm-Frage" ist auch immer vom Stein abhängig. Hier experimentiere man ein wenig. Die Frage der Konsistenz des Schleifschlammes ist für das Jagdmesserschleifen nicht von großer Bedeutung. Sich mit diesem Phänomen kurz zu beschäftigen, lässt jedoch den Schärfvorgang besser verstehen.

Es wurde bereits angedeutet: Die letzte Schärfe erreicht man durch das Entfernen des Grates. Diese Gratpartikel lösen sich zum Teil in kleinen Streifen von der Schneide und befinden sich dann im Schleifschlamm. Mitunter fühlt man dann, dass man über einen kleinen Fremdkörper schleift. Das kann nicht gut sein. Ich vermute, dass dieser Grat-Teil eine kleine Kerbe in der frischen Schneide hinterlässt. Auch aus diesem Grund ist es sinnvoll, am Ende des Schärfvorganges, wenn es darauf ankommt, die letzte Schärfe herauszuholen, den Schleifschlamm möglichst dünn zu halten. Das Abziehen unter einem feinen Wasserstrahl direkt unter dem Hahn stellt dies sicher.

VI.
Der Grat ist alles!

Erneut zum Grat – weil's wichtig ist: Wir brauchen keinen Grat! Er stört. Er macht das Messer stumpf. Er muss weg! Den Grat als solchen brauchen wir nicht. Aber wir brauchen ihn – zumindest als Schleifanfänger – als Indiz. Der Grat leitet uns. Er bestimmt unser Tun. Für den erfolgreichen Einstieg in das Messerschärfen ist der Grat alles.

Zunächst wollen wir einen kleinen Grat erzeugen. Dann wollen wir ihn wieder loswerden. Und wenn dies so geschehen ist, ist das Messer scharf.

Wenn der Grat auf gesamter Schneidenlänge durch unser Schleifen der ersten Seite entstanden ist, schleifen wir die zweite Seite. Wenn wir vorher damit beginnen, bleibt das Messer stumpf.

Erst wenn durch das Schleifen der zweiten Seite ein vollständiger (aber auch wieder möglichst kleiner) Grat entstanden ist, ziehen wir das Messer vorsichtig erneut ein oder zwei Male über die erste Seite, um den Grat zu reduzieren und wechseln dann auf den nächsten feineren Stein. Der Vorgang wiederholt sich.

Wenn das Messer dann durch die feinen Steine bereits eine blitzblanke Fase hat, ist immer noch ein kleiner, kaum noch spürbarer Grat vorhanden, den wir dann durch das Abziehen auf einem Lederriemen entfernen.

Wenn wir nur ruhig und konsequent uns vom Grat leiten lassen, gelingt das Unterfangen. Warum?

Dazu verdeutlichen wir uns, was „Schärfe" ist: Die Schneidkante wird gebildet von der Berührungslinie der beiden Fasen. Ein Messer ist dann scharf, wenn man seine Schneidkante nicht sehen kann, wenn es also keine Flächen gibt, die Licht reflektieren können. Stumpf bedeutet, dass es eine Fläche ist, die wir durch das Schnittgut drücken müssten. Ein scharfes Messer hat also keine Schneidfläche, sondern eine Schneidlinie ohne Flächen, eine „Null-Linie". (Selbstverständlich ist dies eine Idealvorstellung).

Beim Schärfvorgang werden vom Schleifstein Stahlpartikel aus ihrem Verbund in der Klinge gerissen. Dies geschieht mit (leichtem) Druck. Die Nachbarpartikel besagter Stahlpartikel, deren „Hintermänner" also, drücken ihren „Frontmann" in den Stein, so dass er nicht entweichen und abgeschert werden kann. Am Rande des Gemetzels jedoch, dort also, wo die Schärfe entsteht, dort, wo sich das Material zur Schneidlinie ausdünnt, gibt es immer weniger der gegendrückenden „Hintermänner". Ein vom Stein erfasstes Teilchen kann deshalb ausweichen. Es lässt sich nicht mehr abreißen, sondern rutscht beim Verscheren von Stein und Klinge wieder aus der Steinstruktur. Der Stein schert nichts mehr ab, sondern drückt die Stahlpartikel nach oben, weil von oben nicht mehr gegengedrückt wird. Dieses „Ausweichphänomen" kann nur dort entstehen, wo die Schneide hauchdünn, also scharf ist. Ist der Druck der Klinge auf den Stein hoch, entsteht ein Grat schon bei einer etwas dickeren Schicht an gegendrückenden „Hintermännern". Wenn jedoch mit wenig Druck abgezogen wird, entsteht ein Grat entsprechend später, also bei einer dünneren, schärferen Schneidkante.

Mit dieser Theorie wäre auch erklärt, warum der Grat nicht in Schleifrichtung wächst, also parallel zur Steinoberfläche, sondern aufrecht auf ihr steht. Die Stahlpartikel werden offensichtlich nicht vom Stein herausgezogen, sondern herausgedrückt.

Ich greife noch einmal den oben bereits angesprochenen „Feinsäge-Gedanken" auf: Die geschlossen verbundene bis auf Molekülgröße dünngeschliffene Schneidkante ist eine Idealvorstellung. Es gibt diese Schneide nicht. Die Nassrasur- und Mikrotommesser-Freaks mit ihren bis zur sogenannten Überschärfe dünn geschliffenen Schneiden widersprechen aus praktischer Erfahrung der Vorstellung einer vollkommen glatten und ver-

Entstehung eines Grates

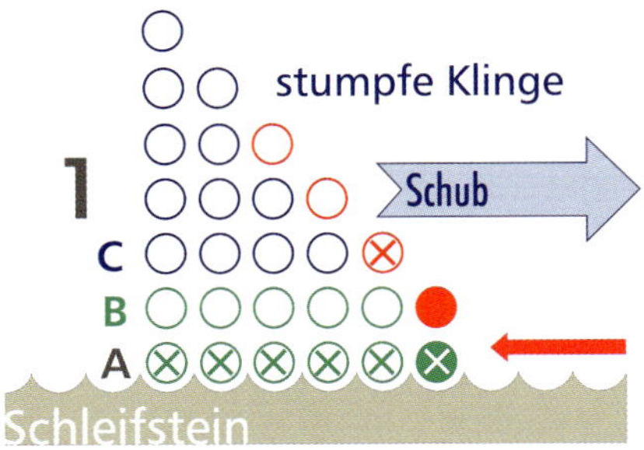

drückt in den Stein,
verhindert sein Ausweichen nach oben
und bewirkt dadurch,
dass der Stein abschert.
Schicht **A** wird abgetragen.

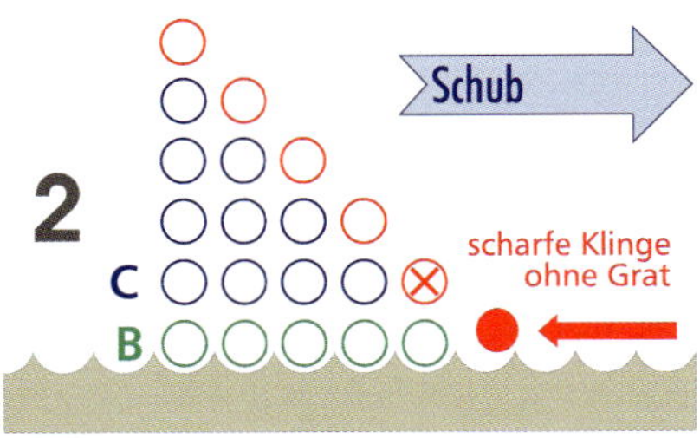

hat keinen „Hintermann", der ihn ins Steinprofil drückt, kann daher nach oben aus dem Schleifstein entweichen, bleibt an hängen und bildet so den Grat.
Schicht **B** wird abgetragen.

Ein Grat entsteht erst dann, wenn die Schneidkante schon ziemlich dünn, also einigermaßen scharf ist.

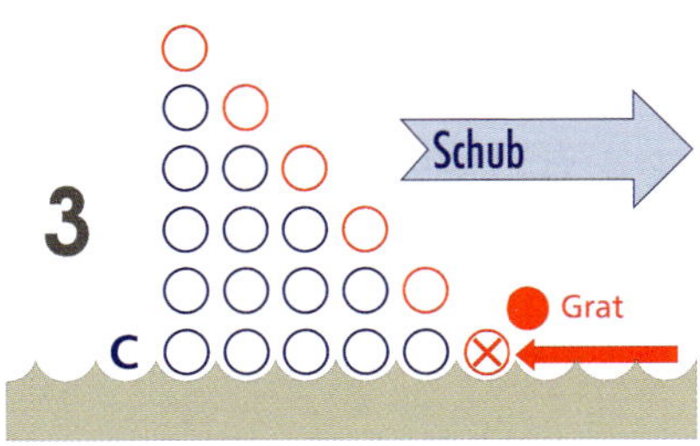

Als Nächstes weicht nach oben aus und bildet zusammen mit den Grat; der Grat wird größer.
Schicht **C** wird abgetragen

Schematisch vereinfachte Darstellung der Gratentstehung.

bundenen Schneidkante. Denn sie beobachten Folgendes: Ein Rasiermesser wird durch die Rasur stumpf. Wenn man es jedoch liegenlässt, wird es von allein wieder scharf. Denn die Schneide besteht aus zahlreichen aufrecht nebeneinanderstehenden Fähnchen. Diese biegen sich unter der Rasur um und richten sich nach einer Weile wieder von allein auf. Deshalb sollte man Rasiermesser nicht sofort nach der Rasur, sondern erst vor der nächsten Rasur abziehen. Andernfalls bricht das Ziehleder jene Schneidenpartikel ab, welche noch nicht genug Zeit nach dem Umbiegen hatten, sich wieder aufzurichten. Auch deshalb wird mitunter empfohlen, nicht täglich dasselbe Rasiermesser zu nutzen. Es liegt auf der Hand, dass diese Rasiermesserschneiden für den jagdlichen Gebrauch unpraktisch empfindlich sind. Und dennoch sind selbst diese für uns zu scharfen Schneiden immer noch keine fest in Linie verbundenen Stahlkanten. Von der anderen Seite betrachtet: Das, was Haushaltsschärfgeräte und Bandschleifer bieten, sind schon mit bloßem Auge erkennbare und mit dem Ziehen über den Daumennagel „unüberfühlbare Grobraspeln", deren unsortierte Stahlecken und -kanten zunächst gar nicht schlecht durch das Schneidgut reißen, bis sie dann aber schnell abbrechen und verbiegen. Der Weg von diesen sogenannten „Schneiden" bis zum Rasiermesser ist kontinuierlich. Das Raspeln wird zum Sägen, dieses zum Feinsägen, dieses zum eigentlichen Schneiden. Das Jagdmesser profitiert durchaus noch von einem mikroskopischen Feinsägeeffekt. Wenn oben beschrieben wurde, dass eine Schneide nach sauberem Abziehen und Entgraten auf dem Leder durch weiteres Polieren zunächst an „Biss" verliere, bevor es dann aber wieder schärfer würde, ist damit wohl der Verlust des Feinsägeeffektes beschrieben. Die sauber abgezogenen aber nicht rasiermessermäßig polierten Jagdmesser haben im Gegensatz zu den Schärfgeräteklingen bereits eine ausreichend stabile Schneide. Und sie schneiden sehr gut. Das Herauspolieren des Optimums guter Jagdmesserstähle bedeutet vielleicht, nicht fünf, sondern sechs Überläufer aufzubrechen, bevor der anspruchsvolle Freund scharfer Klingen an seinen Belgischen Brocken denkt. Der Schärfeunterschied selber mag spürbar sein. Anders als beim Rasieren der Barthaare ist er jedoch nicht von jagdpraktischer Relevanz.

Das Merkmal der Gratentstehung als Leitzeichen unseres Schärfvorganges ist ein Phänomen der noch nicht rasiermesserscharfen Klingen. Dem Jäger genügt jedoch ein Schärfen, bei welchem der Grat ihn noch leitet.

Je feiner der Stein, umso feiner der Grat. Beim Wechsel des Steines auf eine feinere Körnung, wird der „Vorgängergrat" abgetragen und durch einen neuen, feineren ersetzt. Die Schneide wird immer weniger Säge, immer stabiler, immer schärfer. Der alte Grat muss weg und ein neuer muss das Signal geben: Schliff hat „Null-Linie" erreicht. Zum Schluss sollte der Riemen auch ohne Nachweis des Grates noch ran. Nicht nur die Körnungen, sondern auch die Steinarten unterscheiden sich in ihrer Tendenz, einen Grat zu bilden. Feine Steine bilden kleinere Grate. Der Belgische Brocken bildet wenig Grat. Er scheint besonders scharf, also effizient zu sein, besonders gut die Stahlpartikel abzuscheren und nicht nur zum Grat zu verbiegen. Schon bei wenig Druck der oben genannten Hintermänner trägt er den Stahl ab. Je geringer der zum Abtragen ausreichende Druck, umso näher findet Abtrag an der Null-Linie statt. Seine Oberflächenstruktur ermöglicht deshalb eine scharfe Schneidkante mit wenig störendem Grat. Deshalb ist er als Abzieh-und Polierstein so tauglich. Aber er bildet einen Grat, den man mit dem Riemen noch entfernen kann. Wer mit dem Brocken arbeitet, muss besonders aufmerksam auf den Grat achten. Sonst kann man den Grat als Signal, den Arbeitsschritt abgeschlossen zu haben, schnell übersehen.

Sich vom Grat leiten zu lassen, halte ich für das Wesentliche.

VII.
Keine Angst vorm Winkel!

Der Schneidenwinkel wird von den beiden Fasen gebildet. Er beschreibt also, wie die Spitze des Klingenquerschnitts aussieht. Je nach Funktion und Stahl des Messers beträgt dieser Winkel knapp unter 20 bis knapp über 40 Grad. Grobe Haumesser, bei denen es auf Stabilität und Belastbarkeit der Schneide ankommt, haben größere Winkel, also verhältnismäßig kurze Fasen. Zarte Schneidmesser, vor allem jene aus feinem und hartem Stahl, haben zum Teil ganz lang auslaufende, spitze Schneidenwinkel. Diese Messer sind so empfindlich, dass ihnen gerne eine sogenannte Mikrofase angeschliffen wird. Nach dem Schärfen dieser Messer wird mit nur wenigen Zügen über einen sehr feinen Stein ein größerer Schneidenwinkel „angehaucht". Damit erreicht man eine stabilere Schneidkante.

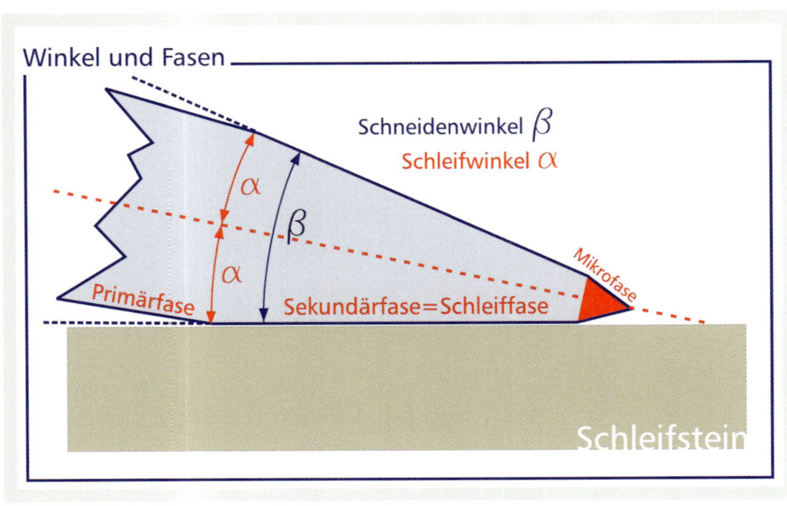

Noch einmal Fachbegriffe.

Ich glaube nicht, dass wir uns Gedanken über Mikrofasen machen müssen, wenn es um das Jagdmesser geht. Von der Mikrofase zu wissen, kann jedoch die überzogene Angst vor dem Verkippen des Schleifwinkels nehmen. Ich komme darauf zurück.

Ein guter Schneidenwinkel für Jagdmesser beträgt ungefähr 30 Grad. Es kommt hier aber auf ein paar Grad gar nicht an.

Den Schleifwinkel bilden Klinge und Stein beim Schleifen. Man betrachtet dabei nicht die Klingenflanke, sondern die Klingenmitte. Weil beim Schleifen die Fase auf dem Stein liegt und somit die Steinoberfläche den gleichen Winkel zur Klingenmitte bildet wie die Fase selbst, ist der Schleifwinkel halb so groß wie der Schneidenwinkel – ein einfacher Zusammenhang, den die untenstehende Grafik besser als der Text veranschaulicht.

Ein Jagdmesser schleift man also mit etwa 15 Grad Schleifwinkel über den Stein, um dann 30 Grad Schneidenwinkel zu bekommen.

Zur praktischen Veranschaulichung des Schleifwinkels: Wie sehen 15 Grad aus? Man nehme sich ein Blatt und falte es über

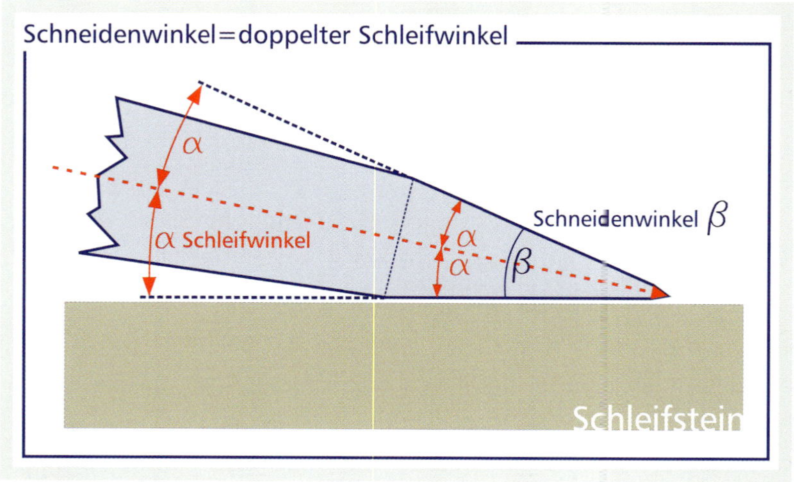

Jagdmesser mit 30 Grad Schneidenwinkel haben 15 Grad Schleifwinkel.

Eck. Aus dem 90 Grad-Winkel des ungefalteten Blattes werden 45 Grad des gefalteten. Man falte diese Spitze erneut: 22,5 Grad. Man falte sie ein drittes Mal: 11,25 Grad. Dieses gefaltete Papier kann eine brauchbare Orientierung sein. Bei vielen Messern werden sich diese gut 11 Grad plus Materialstärke des Messerrückens bis zur maßgeblichen Klingenmitte plus ein wenig Luft etwa zu 15 Grad addieren. Wenn man bei unterschiedlichen Messern den Winkel auf diese Weise oder beispielsweise mit einem Geo-Dreieck kontrolliert und nun ausprobiert, wie viel von der Fingerkuppe in den Spalt passt, bekommt man schnell ein Fingerspitzengefühl im wahren Sinn für den richtigen Winkel. Wenn die Aufgaben der Finger besprochen werden, komme ich darauf zurück. Man fühlt millimetergenau, ob sich die Klinge satt in der Mitte der Fingerbeere befindet oder nur am Rande. Zusammen mit dem Auge reicht dies zur Winkelkontrolle.

Man sollte den Schleifwinkel möglichst gut einhalten. Nicht zuletzt, weil man sich dadurch Arbeit erspart. Hält man das Messer zu flach, rundet man die Kante zwischen Fase und Klingenflanke ab. Man befindet sich dann gar nicht in der Nähe der zu schärfenden Schneidkante, produziert eine unschöne, verbreiterte Schleiffacette und zerkratzt eventuell sogar die Klingenseite. Nur schärft man damit nicht. Dieser Schärfhub war unnötig. Mit diesem zu flachen Schleifen kann kein Grat erzeugt werden.

Hält man das Messer zu steil, dann entsteht ein zu plumper Schneidenwinkel. Die Fase wird ballig.

Es ist daher sehr hilfreich, wenn man präzise und winkeltreue Schleifbewegungen durchführt. Die gefährlichste Phase der Schleifbewegung ist der Richtungswechsel. Es ist ein immer wieder zu beobachtender Anfängerfehler, dass die Klinge im Richtungswechsel den Stein noch berührt und dabei der Winkel verkippt wird. Das Auge kontrolliert dann zwar den gesamten Weg über den Stein, aber in dieser Hundertstelsekunde gilt alle Aufmerksamkeit der Richtungsänderung. Deshalb sollte man die Bewegungen ganz langsam anfangen. Geschwindigkeit kommt – wie gesagt – von allein.

Das gleiche Problem existiert ganz ausgeprägt beim Abziehen auf dem Lederriemen. Wenn nur ein unvorsichtiger Zug der aufgesetzten Schneide über den Riemen geht, ist die Schärfe dahin.

Es nützt nichts, wenn man den Schleifwinkel präzise über die fast komplette Schleifbewegung einhält und dann – wenn auch nur ganz kurz – die Schneide einmal aufrecht über den Stein zieht. Diese Unkonzentriertheit am Anfang und am Ende des Abziehsteins ist ein Hauptübel. Wenn man aber nur um wenige Grad den Winkel variiert, kommt schlimmstenfalls eine ballige Mikrofase dabei heraus. Das gibt immer noch Rasiermesser. Solange man einen Grat produziert, kann es so schlecht nicht sein. Die zu sagenhafter Schärfe polierten japanischen Schwerter sind ballig geschliffen. Und über die Mikrofase bei besonders scharfen Schneidgeometrien ist oben schon berichtet worden. Das Problem des Winkels ist nach meiner Einschätzung keines des manuellen Geschickes, sondern eines der Unkonzentriertheit im Bewegungsablauf. (Es lohnt sich die Wiederholung dieses Gedankens.) Es kann sich daher anbieten, die Schleifbewegung zunächst ganz bewusst in zwei Phasen zu teilen – Vorbewegung und Rückholbewegung – und dazwischen eine kurze Pause zu machen. So minimiert man die Gefahr des Aufrichtens der Klinge beim Richtungswechsel. Und erst dieses weit außerhalb des vorgesehenen Schleifwinkels anzusiedelnde Aufrichten der Klinge macht das Messer stumpf.

Wir kontrollieren den Schleifwinkel mit den Fingern, mit den Augen und mit den Ohren. Das Schleifgeräusch ändert sich mit dem Schleifwinkel. Man kann sich „einhören“.

VIII.
Stellung und Weg der Klinge

Jetzt soll es konkret um die Schleifbewegung gehen. Auch hier gilt wieder: Es führen viele Wege nach Rom. Zunächst aber ein paar Vorüberlegungen dazu, wie eine Klinge genutzt wird.

Eine Klinge kann man unterschiedlich nutzen. Man kann mit ihr schaben, drücken oder schneiden. Oder ich kann diese drei Nutzungsarten kombinieren.

Das *Schaben* ist wie das Rasieren mit senkrecht stehender Klinge. Schneidkante und Klingenspiegelhöhe stehen senkrecht zur Schneidrichtung.

Das *Drücken* ist wie der Schnitt einer Guillotine. Die Schneidkante steht senkrecht zur Schneidrichtung. Die Klingenspiegelhöhe liegt in der Schneidrichtung.

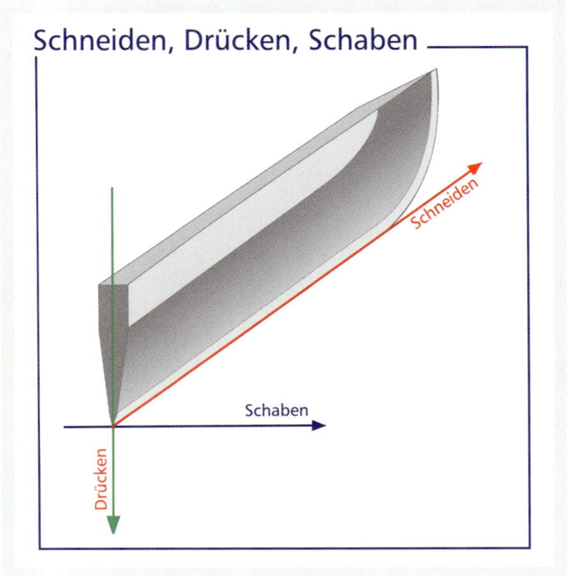

Wie nutze ich die Klinge?

Das *Schneiden* ist wie ein Sägen: Schneidkante und Schneidrichtung weisen in eine Richtung. Die Klingenspiegelhöhe ist senkrecht zur Schneidrichtung.

Schneidkanten-Winkel

Die Klinge wird nicht über die Steinkanten gezogen, sondern breit auf der Steinfläche aufgesetzt. Damit entsteht eine Berührungslinie, die mehr oder weniger quer zur Steinachse liegt. „Wie quer" die Klinge auf dem Stein aufgesetzt wird, beschreibt der *Schneidkanten-Winkel* zwischen Steinlängsachse und Schneidkante. Ich versuche, das Messer möglichst im rechten Winkel zu führen. Wenn die Klinge länger ist als der Stein breit, verkleinere ich den Winkel, um möglichst die komplette Schneidkante zu beschleifen ohne eine Seitwärtsbewegung machen zu müssen. Meine Winkel liegen zwischen 90 Grad und 45 Grad. Mit den feineren Steinen verkleinern einige Messerschleifer den Winkel, bis sie mehr schneiden als schaben. Ich halte das nicht für nötig.

So nicht: Hier wird die Klinge über die Steinkante gezogen!

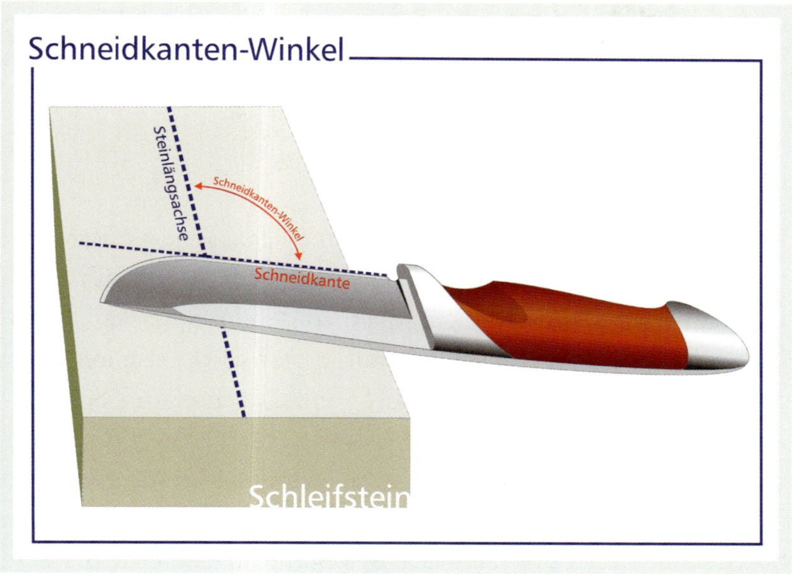

In welchem Winkel steht die Schneidkante zum Stein?

Die reine Schneidbewegung (Schneidkanten-Winkel 0 Grad) ist unbedingt zu vermeiden. Sie belastet nicht nur den Stein und verursacht Riefen in ihm, sie macht auch stumpf.

Siehe dazu auch die Grafik auf der nächsten Seite!

Die Schneidkante darf nie in einer Linie über den Stein geführt werden! Sie muss immer auch schaben, also eine Steinfläche bestreichen.

Wenn nur eine Linie bestrichen würde, man also schnitte, entstünde durch den immer stattfindenden Steinabtrag eine Kerbe im Stein. Die Klinge liefe in ihr, und die Schneidkante drückte frontal gegen die entstehende Seitenwand dieser Steinkerbe. Die Klinge schnitte in den Stein wie ein Rasierer in die Wange schnitte, wenn man ihn plötzlich quer führte. Eine reine Schneidbewegung trägt nicht nur die Schleiffacette ab, sondern auch die Schneidlinie von vorn und machte sie wieder breiter.

Keine Schneidbewegung beim Schleifen

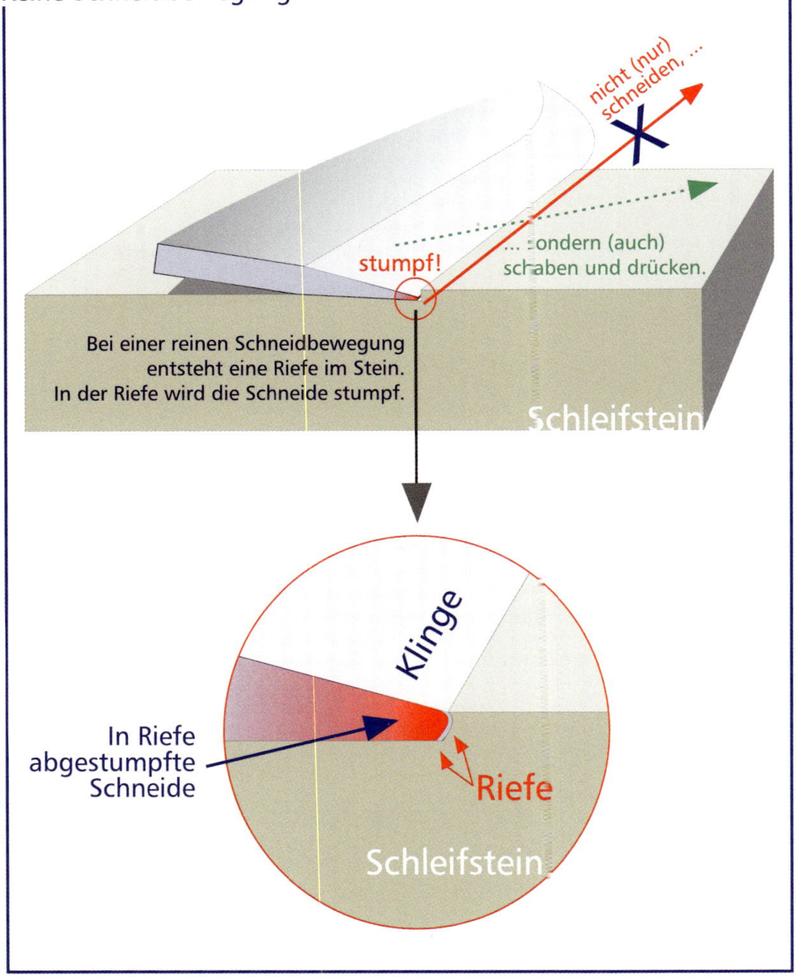

Die reine Schneidbewegung ist unbedingt zu vermeiden. Sie belastet nicht nur den Stein und verursacht Riefen in ihm, sie macht auch stumpf. Darum: Keine Schneidbewegung!

Position des Schärfsteins

Wie positioniert man den Schärfstein? Die lange Seite des Steins liegt im rechten Winkel, nicht parallel, zur vorderen Tischkante. Er liegt also nicht quer zum Mann, sondern weist fort von ihm.

Banal aber wichtig: So liegt der Stein *nicht* auf dem Tisch, …

… aber so!

Führungs-Winkel

Die Hauptbewegungsrichtung der Hände ist also keine Seitwärtsbewegung, sondern geht in geraden Strichen auf den Körper zu- und von ihm fort.

Man könnte auch Kreise oder andere Figuren mit der Klinge über den Stein schaben, aber dies hat keine Vorteile und macht den Bewegungsablauf nur unnötig kompliziert.

Die Hände führen also das Messer vor und zurück. Dies ist jedenfalls bei kurzen Klingen der Fall. Nur wenn das Messer so lang ist, dass seine Klinge nicht quer oder mit einem Schneidkantenwinkel von minimal 45 Grad auf den Stein passt, kann eine Seitwärtsbewegung dazukommen. Die Hände führen nun also das Messer nicht mehr genau parallel zum Stein, sondern in einem bestimmten Winkel. Als *„Führungs-Winkel"* möchte ich diesen Winkel bezeichnen.

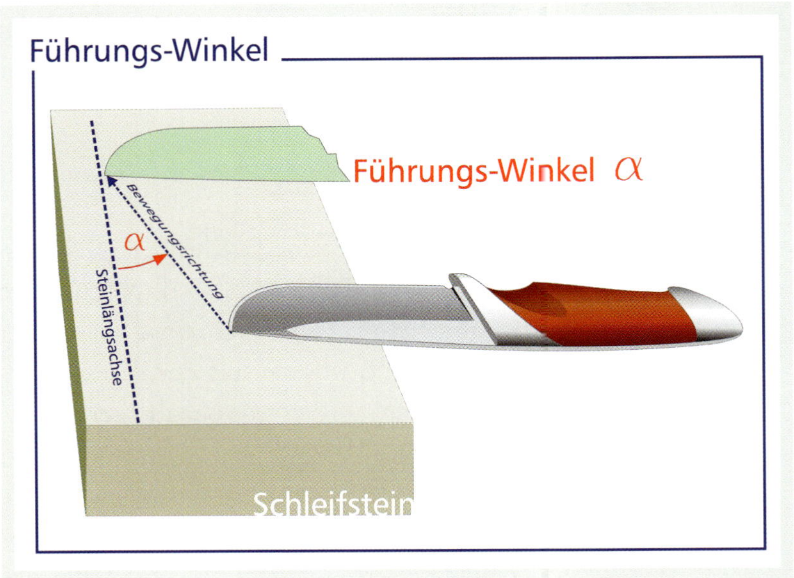

Seitwärtsbewegung.

Wenn nun also die Schleifbewegung dargestellt werden soll, geht es ums *Wie* (Schaben, Drücken, Schneiden) und ums *Wo*, also um den Weg der Klinge über den Stein (quer oder längs/ Führungswinkel). Dies sei zur besseren Verständigung vorausgeschickt.

Die Schärfbewegung ist ein Schneeschieben und Spachteln: Zum Schleifen setzt man die Schneide auf den Stein und schiebt die Klinge mit der Schneide voran unter leichtem Druck über ihn. Da dabei die Klinge nicht senkrecht auf dem Stein steht, sondern mit ihm einen Winkel (den Schleifwinkel) bildet, handelt es sich nicht um reines Schaben, sondern um ein Drückschaben. Die Rückholbewegung ist ein Ziehschaben mit weniger Druck und entspricht einer Spachtel-Bewegung. Das Schieben ist die effektive und stärkere eigentliche Schleifbewegung, nicht das Ziehen. Zur Veranschaulichung dieser Bewegung wird immer wieder gesagt, sie wäre so, als wolle man eine Scheibe vom Stein abschneiden. Das halte ich für falsch, da dieser Vergleich einen Druckschnitt beschreibt. Das Drücken ist die kleinere, das Schaben die größere Komponente. Das Schneeschieben kommt der Schärfbewegung näher.

Steinfläche nutzen

Man möchte möglichst die gesamte Steinbreite (und auch -länge) nutzen, um den Stein gleichmäßig abzutragen. Und man möchte möglichst die gesamte Länge der Schneide mit einer Bewegung schärfen, um keine Übergänge und Absätze auf der Fase zu produzieren. Das ist keine Nebensächlichkeit, sondern Erkennungsmerkmal des geübten Messerschärfers. Die Schleifbewegungen sind harmonisch, dynamisch und im wahren Sinn groß-zügig. Wie der Fahranfänger oft am äußersten Straßenrand entlangstottert, so schabselt der ungeübte Schleifer auf der Mitte des Steines.

Zur Tat!

Nach diesen Vorüberlegungen kann es losgehen.

In der ersten Bildfolge ist zu sehen, wie eine kurze Klinge, deren gerader Schneidenanteil auf die Steinbreite passt, mit einem Schneidkanten-Winkel von 90 Grad und einem Führungswinkel von 0 Grad über den Stein bewegt wird.

Bildfolge 1:
Der Weg der linken Fase einer kurzen Klinge über den Stein …

Bildfolge 2:
Analog wird das Messer zur Bearbeitung der rechten Fase geführt.

Wenn die Klinge etwas breiter ist, dann kann man sie ein wenig schräger auf dem Stein platzieren (Schneidkanten-Winkel kleiner als 90 Grad, aber größer als 45 Grad).

Bildfolge 3:
Längere Klinge, deshalb Schneidkanten-Winkel verkleinern, also Messer etwas schräg führen.

Wenn die Klinge noch länger ist, dann führt man die Hände nicht mehr parallel zum Stein (Führungs-Winkel 0 Grad), sondern macht eine Querbewegung (Führungs-Winkel größer als 0 Grad aber kleiner als 45 Grad).

Bildfolge 4:
Querbewegung bei längeren Klingen. Führungs-Winkel größer als 0 Grad und Klinge schräg: Schneidkanten-Winkel nicht mehr 90 Grad.

Diese Querbewegung, also ein Führungs-Winkel größer als 0 Grad, kompliziert den Bewegungsablauf etwas. Das Arbeiten mit großen Steinen und kleinen Messern ist deshalb einfacher.

Wenn diese Querbewegung hinzukommt, befindet sich ein Teil der Schleiffläche während des Schleifhubes zeitweise neben dem Stein. Der Klingenanteil direkt am Griff wird zu Beginn der Schleifhubes noch gar nicht „bedient". Er wird ja erst durch die Querbewegung auf den Stein zugeschoben. Die mittleren Klingenanteile aber wandern immer von einer Steinseite zur anderen und werden daher stärker bearbeitet als die Randbereiche. Deshalb beginnt man bei großen Messern zunächst mit ein paar Schleifhüben direkt am Messergriff, bevor man mit der Querbewegung die größeren Klingenanteile bearbeitet. Mitunter lässt es der Klingen-Griff-Übergang nicht zu, dass man den griffnahen Fasenanteil im 90 Grad-Schneidkanten-Winkel schleift, da er unter den Griff ausläuft. Auch dies kann ein Grund sein, zunächst nur ihn zu bearbeiten.

Auch die Messerspitze als die zweite Endstrecke benötigt ein paar Extrahübe. Ich schärfe mitunter den geraden Klingenanteil mit einer Bewegung und kümmere mich anschließend nur um den Klingenbauch, dann um die Spitze. Das hängt auch davon ab, wie groß und rund das Klingenprofil ist. Bei kleinen Messern mache ich vier, fünf Hübe direkt am Griff, schleife dann die komplette Fase und ende mit vier, fünf Hüben nur an der Spitze.

Eine andere Möglichkeit besteht darin, das Messer Steinbreite für Steinbreite zu schleifen. Hier besteht die Gefahr, dass unschöne Übergänge entstehen. Anderseits ist die Bewegung weniger komplex. Es soll erneut betont werden, dass es viele Möglichkeiten gibt und dies hier nur ein Angebot sein soll.

Schärfen wir den geraden Schneidenanteil, so ist die Kontaktstelle von Klinge und Stein eine gerade Linie. Wenn jedoch der Klingenbauch geschärft wird, berührt der Stein nur noch einen Punkt der Klingenrundung. Beim Schleifen der Gerade setzt man das Messer noch auf Stein- beziehungsweise Klingenlänge auf, womit die Position der Klinge wenigstens in einer Ebene vorgegeben ist. Wenn aber Klingenbauch oder Klingenspitze geschliffen werden, so müssen wir das Messer vollkommen frei auf einem einzigen Kontaktpunkt über dem Stein balancieren. Während also im ersten Fall die Höhe des Messergriffes über dem Tisch beim Schleifen „automatisch" durch das Aufsetzen der Klinge vorgegeben ist, muss im zweiten Fall der Griff „frei Auge" angehoben werden. Der Klingenbauch und die Spitze sind deshalb am schwierigsten zu schleifen. Jetzt muss man den Berührungspunkt von Klinge und Stein und den Winkel zwischen seinem Lot und dem Stein als Schleifwinkel halten. Das ist fast Mathematik und praktisch keine Hilfe. Hier muss man also ausprobieren und Erfahrung sammeln.

Beim Schleifen des geraden Klingenanteils bleibt die Hand auf gleicher Höhe über dem Tisch.

Beim Schleifen des Klingenbauches wird die Hand angehoben und die Klinge hochgekippt.

Klingen ohne große Bäuche sind einfacher zu schärfen, weil die Kippbewegung nicht so ausgeprägt ist.

Das Risiko, das man eingeht, besteht darin, das Messer mit einer zu breiten Fase zu verschleifen. Ich empfehle, zu Beginn sich die Bewegung „im Trockenen“ mit dem Messer auf einer geeigneten Unterlage durchzuspielen und nicht gleich mit den teuersten Schmuckmessern zu beginnen.

Als Endergebnis soll also eine Fase entstehen, die von der Spitze bis zur Fehlschärfe die gleiche Breite behält. Mir gelingt das nicht immer. Aber wenn dies nicht gelingt und somit der Schneidenwinkel im Verlauf der Schneide ein wenig variiert, so ist das in der Praxis nicht abträglich.

Übrigens: Gelegentlich begegnen einem Messer, bei denen trotz aller Sorgfalt und zunächst unerklärlich eine gleichmäßige Fasenbreite einfach nicht einzuhalten ist. An immer der gleichen Stelle wird die Fase breiter oder schmaler. Hier kann es sich um eine kleine, kaum zu erkennende Delle in der Klinge und nicht etwa um eigenes Unvermögen handeln.

IX.
Die Aufgaben der Hände

Ich halte die Messergriffe beim Schleifen immer in der rechten Hand. Ich schleife linke wie rechte Fase (immer in „Fahrtrichtung“, also Stichrichtung, betrachtet) aus der rechten Hand. Viele tun dies nicht. Ihnen liegt es besser, das Messer in die andere Hand zu wechseln. Das hat den Vorteil, dass zwei identische Bewegungsabläufe – nur spiegelverkehrt – vollzogen werden müssen. Mir ist nicht bekannt, dass eine Methode überlegen sei.

Ich führe die Messer mit freiem Ellenbogen. Andere setzen die Ellenbogen als fixe Drehpunkte auf der Tischplatte auf und stabilisieren somit das Bewegungssystem. Es ist sogar möglich, die Bewegung aus dem Rumpf zu machen. Dann bewegen sich Hand-, Ellenbogen- und Schultergelenk quasi gar nicht. Ich vermag nicht zu sagen, mit welcher Technik die besseren Ergebnisse erzielt werden. Ich empfehle, in sich hineinzuhorchen und jene Methode zu wählen, welche sich am besten anfühlt.

Die Bewegung sollte ganz bewusst und kontrolliert ausgeführt werden. Immer wieder konnte ich beobachten, dass Anfänger beispielsweise am Ende eines Schleifhubes den Schleifwinkel sehr stark verfälschten. Sie haben es nicht bemerkt, weil sie sich nicht darauf konzentriert haben. Wenn sie dann aufgefordert wurden, darauf zu achten und sich selbst zu beobachten, ging vielen ein Licht auf. Die vermeintliche manuelle Ungeschicklichkeit ist oft kein Problem der Hände, sondern der Augen. Das „Geheimnis“, die Bewegung präzise durchzuführen, hat sehr viel mit einfacher, unaufgeregter Selbstbeobachtung zu tun. Nur wer mit Ruhe und Sorgfalt ganz bewusst die Position und den Weg der Messerklinge während der Schleifbewegung registriert, kann die richtige Schleifbewegung durchführen. Geschwindigkeit ist deshalb anfangs Gift! Man beginne mit langsamen Bewegungen. Schnell wird man von allein.

Ich beschreibe nun meine Schärfbewegung. Wer die andere Hand nimmt, „spiegelt“ sich bitte die Seitenangaben.

Die linke Fase auf dem Stein

Die rechte Hand

Mit der rechten Hand nehme ich mir den Messergriff, „wie er gerade kommt“. Je nach Griffgröße und Griffform greife ich eventuell mit dem Kleinfinger unter den Griff und umgreife das Heft mit Zeige-, Mittel- und Ringfinger. Ich habe den Eindruck, dass ich Messer mit flachen und kleinen Griffen damit sicherer in der Hand habe, sie mir bei Unachtsamkeit nicht so schnell in die Handfläche abrutschen und sich nicht so leicht verdrehen können.

Wenn das Messer aus dem sicheren Griff abrutscht und sein Spiegel durch den Stein zerkratzt wird, ist das Messer entstellt.

Kleinfinger der rechten Hand unterm Griff:
ein möglicher „Spezialgriff“ bei kleinen, flachen Messern.

Möglich, aber verzichtbar: Ein Klebeband schützt den Klingenspiegel vor dem Zerkratzen.

Tipp: Man könnte als zusätzliche Sicherheit gegen dieses Missgeschick die Klinge oben mit Klebeband abkleben.

Die rechte Hand ist hauptsächlich Antrieb. Sie führt das Messer vor und zurück und hebt es beim Schärfen des Messerbauches auch an. Die rechte Hand bestimmt auch den Schneidkanten-Winkel. Sie gibt also vor, wie sehr die Messerspitze zur Seite oder nach vorn zeigt.

Den Schleifwinkel muss die rechte Hand selbstverständlich auch einhalten. Sie fixiert dabei aber eher diesen Winkel, den die linke Hand vorgibt *(siehe nächste Seite)*.

Mitunter lege ich den Daumen der rechten Hand auf den Klingenrücken. Weil der Daumen seitlich die Klinge überragt, gibt er einen Sicherheitsabstand des Klingenspiegels zum Stein vor.

Der Daumen als Sicherung des Schleifwinkels.

Die linke Hand

Ich nutze die linke Hand zusammen mit dem Auge für die Abschätzung des Schleifwinkels, für die Sicherung des Schleifwinkels, für den Schutz der Klinge vor dem Verkratzen durch Abrutschen der Klingenflanke auf den Stein und für die Druckverteilung auf die Fase. Die rechte Hand unterstützt hier nur.

Konkret: Beim Schleifen der linken Fase der Klinge in Stichrichtung schiebt der Rechtshänder das Messer vom Körper fort. Der Schleifwinkel öffnet sich also zum Mann hin, und die Schneide liegt weg vom Mann auf dem Stein.

Der linke Daumen liegt auf dem Klingenrücken und mit einem Teil seiner Kuppe unter ihm. Der Daumennagel touchiert den Stein gerade nicht. Die Daumenkuppe drückt auf den Klingenrücken und schiebt einen Teil von sich in den Spalt, den Messer und Abziehstein bilden. Der Schleifwinkel wird also variiert, je nachdem, wie viel der Daumenkuppe unter dem Messer ist. Dies ist gut zu spüren. Das taktile Talent der Fingerkuppen kann gute Hilfe beim Messerschärfen leisten. Man kann mit den Augen gut kontrollieren, ob man gerade so eben mit der Kuppe über dem Stein ist. Man kann auch wahrnehmen, dass

Auch der linke Daumen sichert den Schleifwinkel.

Zeige-, Mittel-, Ringfinger kümmern sich direkt um die Schneide.

man richtig anwinkelt, weil man ein Gefühl für die Lage seiner Finger zueinander hat. Man verknüpft sehr schnell einen Schleifwinkel mit einer Fingerposition, wie dies beispielsweise auch beim Griff von Gitarrenakkorden geschieht.

Dieses Verfahren funktioniert mit (Gummi-)Handschuhen nicht sehr gut.

Der linke Daumen ist also die Sicherung des Schleifwinkels. Gleichzeitig unterstützt er die rechte Hand in der Schneeschieberbewegung der Klinge über den Stein.

Zeige-, Mittel- und mitunter auch Ringfinger liegen schneidennah auf der Klinge. Sie drücken den Stahl auf den Stein und wandern mit jenem Schneidenabschnitt mit, der gerade bearbeitet wird. Sie verteilen den Schleifdruck gleichmäßig möglichst auf Steinbreite. Dies ist umso wichtiger, je dünner und biegsamer die Klinge ist.

Japanische Küchenmesser sind häufig *einseitig* geschliffen. Sie haben nur eine Schleiffase. Dadurch wird die Fase doppeltbreit. Sie ist so breit, dass man mit dem soeben beschriebenen Druck allein von Zeige- bis Ringfinger die Klinge automatisch

Higonokami mit Scandi-Klinge angedrückt: Der Winkel stimmt nur durch das Drücken von oben automatisch.

im richtigen Winkel fixieren kann. Wenn man also ein japanisches Küchenmesser mit der Fase nach unten auf den Abziehstein legt und auf die Klinge im Schneidenbereich drückt, richtet sich das Messer im optimalen Winkel automatisch auf. Hier kontrolliert man nur mit diesem Druck den Winkel. Deshalb sind einseitig beschliffene Messer einfacher zu schärfen. Das gilt auch für die Scandi-Form mit ihrer breiten Fase. Hier spielen also Zeige-, Mittel- und Ringfinger eine größere Rolle bei der Einhaltung des Schleifwinkels.

Bei den Messern mit schmalen Fasen besteht dieser Komfort des einfach zu drückenden Schleifwinkels nicht. In diesen Fällen verlängern wir mit der linken Daumenkuppe unter der Klinge die Flucht der Fase und schaffen uns damit einen zusätzlichen Anhaltspunkt. Zeige- bis Ringfinger der linken Hand drücken in diesem Fall also nicht alleine den Schleifwinkel. Der Daumen muss Gegendruck machen und den Winkel hauptsächlich bestimmen. Der Druck des Daumens wiederum wird von den drei anderen Fingern gehalten. Diese Finger sind jene, welche nur einen Millimeter über dem Orte des Geschehens sind und am besten „kontrollieren“, was gerade passiert.

Die rechte Fase auf dem Stein

Um die linke Fase zu schärfen, schiebt der Rechtshänder das Messer vom Körper weg. Zum Schärfen der rechten Fase schiebt er es auf den Körper zu (… wenn er weiterhin aus der rechten Hand schleift. Andernfalls wechselt er die Hände und wiederholt die soeben beschriebene Bewegung spiegelverkehrt). Es handelt sich weiterhin um eine „Schneeschieber-Bewegung". Der Winkel von Messer und Stein öffnet sich nunmehr vom Körper fort, und die Schneide zeigt auf uns. Man würde sich also den Schnee vor die eigenen Füße schieben.

Die Aufgabenverteilung der Hände bleibt fast gleich.

Die rechte Hand

Die rechte Hand greift wiederum den Griff „wie er kommt". Nun kann man den Daumen nicht mehr auf den Klingenrücken legen, da sich dieser jetzt auf der Schneidenseite befindet.

Je nach Messergröße und -form drücke ich den Daumen dosiert auf die Klinge im Schneidenbereich. Somit kann er nun eine Aufgabe unterstützen, die beim Bearbeiten der linken Fase nur Zeige- bis Ringfinger der linken Hand übernommen haben. Dafür kann er nicht mehr auf dem Klingenrücken liegend den Schleifwinkel sichern.

Rechte Fase, rechte Hand: Der Daumen dosiert den Druck und kontrolliert die Klinge in Griffnähe.

Die linke Hand

Die linke Hand behält ihre Aufgaben. Nur muss jetzt der Daumen übernehmen, was bei der anderen Fase Zeige- bis Ringfinger getan haben und umgekehrt. Nun drückt der Daumen die Fase auf den Stein und die drei anderen Finger schieben einen Teil ihrer Kuppen auf dem Klingenrücken liegend zwischen Stein und Klingenspiegel, um den Schleifwinkel zu sichern.

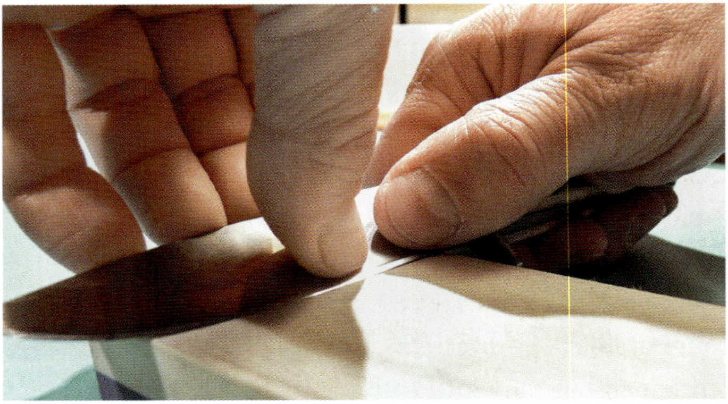

Messerhaltung bei Bearbeitung der rechten Fase
mit rechter Hand als Griffhand.

Jetzt sichern Zeige-, Mittel- und Ringfingerkuppen
den Schleifwinkel.

X.
Das Abziehen auf dem Leder

Beim Schärfen des Messers kommt es darauf an, eine möglichst dünne, möglichst glatte, möglichst aufrechtstehende Schneidkante herzustellen. Das Ideal ist nicht erreichbar. Immer bleibt die dünne, strichförmige Kante eine mehr oder weniger breite Fläche. Immer bleibt sie mikroskopisch eine „Säge“. Und die vollständige Entfernung des Grates bleibt auch Illusion – selbst nach Verwendung feinster Poliersteine. Das Abledern mit und ohne Schleifpaste soll helfen, sich dem Ideal weiter zu nähern.

Streichriemen sind hängend verwendete Lederstreifen. Eine Hand zieht sie straff, während die andere das Messer führt. Stoßriemen sind Lederstreifen auf meist hölzernen Spannvorrichtungen. Diese können unter dem Leder hohl sein, wie beim Streichriemen bei starkem Druck durchhängen und zu ungewollt balligem Schliff führen. Zum Teil sind die Stoßriemen auf planes Holz geklebt. Dadurch wird dieser „Durchhängeeffekt“ vermieden. Ich verwende gerne einen einfachen Rindlederstreifen, den ich mir auf eine geeignete Unterlage lege. Die blanke Tischplatte ist ausreichend. Gerne nehme ich als Unterlage die Diamant-Abziehplatte.

Das Abziehen der Messerklinge auf dem Leder ist wie das Streichen eines Butterbrotes. Man zieht jetzt die Klinge und schiebt sie nicht wie den Schneeschieber. Ein zweiter Unterschied zum Abziehen auf dem Stein: Bei jedem Strich wird die Klingenseite gewechselt. Nur wenn ein Grat noch deutlich am Kratzen auf dem Leder zu spüren sein sollte, werden mehrere Züge hintereinander über diese Seite getan. Ich ziehe die Klingen etwa dreißig Mal, gerne auch deutlich häufiger, zunächst über den Siliziumkarbid-Riemen, dann über Chromoxid, dann über unbehandeltes Leder. Das geht schnell und bringt tatsächlich blankere und spürbar schärfere Schneiden.

Es bedarf keiner detaillierteren Beschreibung der Hände. Doch zwei Hinweise sind wichtig: Erstens handelt es sich beim Streichen um weiche Butter. Es wird also nur mit ganz wenig Druck gearbeitet. Zweitens achte man penibel darauf, die Klinge beim Seitenwechsel nicht über die Schneide zu drehen, sondern über den Messerrücken. Oder man konzentriere sich bei jedem Drehen. Wenn man die Klinge noch bei Kontakt mit dem Leder zu drehen, also aufzurichten beginnt, schleift man sich die Schneidkante rund. Das kann sehr schnell passieren, denn die Bewegungen werden schneller und neigen dazu, ineinander zu fließen.

Arbeiten mit Stoßriemen oder Abziehriemen sind also gute Gelegenheiten, die Klinge wieder stumpf zu machen!

Wenn wir die Klinge zu kraftvoll über das weiche Leder ziehen, verbiegt das Leder die zarte Schneidkante. Der gleiche Druck, der auf das Leder wirkt, wirkt auch seitlich auf die zarte, dünne Schneide. Aktion gleich Reaktion. Dieser Druck kann die Schneide deshalb im mikroskopischen Bereich abknicken. Wenn wir uns seitlich auf ein sehr weiches Kopfkissen legen, drückt uns das Kissen die Nase schief. Dieser „Kopfkissen-Effekt“ entsteht auch bei zu weichen Abziehledern oder zu starkem Anpressdruck. Damit verbiegen wir die Schneidkante, die doch aufrecht stehen soll. Beim Abziehen auf dem Riemen will man den mikroskopischen Restgrat abreißen, der bereits seitlich abgeknickt an der Schneide hängt. Deshalb kommt es beim Abziehen darauf an, eine Kraft in Richtung der Fase zu entwickeln und eben nicht seitlich auf sie. Das bedeutet: Der Riemen sollte hart und nicht so leicht einzudrücken sein. Dies ist auch der Grund, warum nicht die weiche Innenseite, die Fleischseite

Bildfolge 5:

Abledern ist wie das Schmieren von Butterbroten.

Das Drehen des Messers erfolgt über den Rücken.

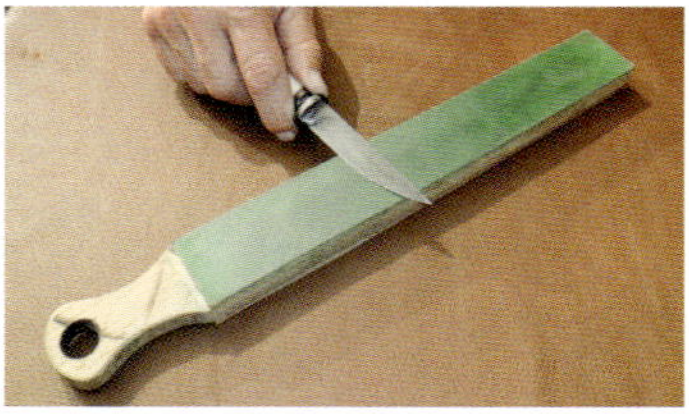

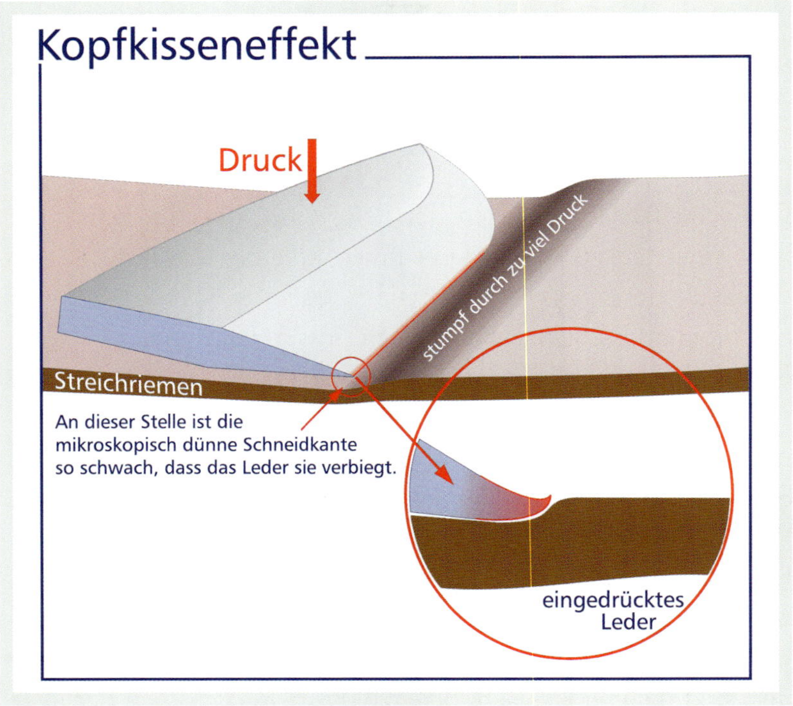

Kein Druck mit dem Leder auf die Schneidkante!

also des Leders, verwendet wird, sondern die härtere Außenseite, die sogenannte Narbenseite. Und der Riemen sollte auf einer harten Unterlage liegen.

Etwas „Kopfkissen-Effekt" ist jedoch immer, auch bei hartem Leder, vorhanden. Wenn wir die Klinge über das Stoßleder ziehen, so wähle man deshalb einen etwas flacheren Ziehwinkel als Schleifwinkel. Andernfalls produziert das Abziehen auf dem Leder eine Mikrofase – was auch nicht schlecht, manchmal sogar gewollt ist.

Wenn man aber mit dem Riemen die Klinge polieren möchte, braucht es Kraft und Druck. Die Konsequenz ist: Immer zuerst die Klinge säubern und polieren und dann erst schärfen!

XI.
Die Behandlung der Steine

Die Schleifsteine bedürfen der Pflege und der guten Behandlung. Man muss sorgfältig mit ihnen umgehen, und man muss durchaus ein wenig Arbeit in sie investieren. Wenn man dazu nicht bereit ist, kann man seine Messer nicht scharf halten. Dennoch bleibt dieser Aufwand so gering, dass ihn niemand schrecken muss. Hat man allerdings stark abgenutzte, lange vernachlässigte Steine, so kann das Restaurieren durchaus etwas Schweiß verlangen. Es lohnt sich jedoch. Wenn beispielsweise Wassersteine nicht durch Öl verdorben sind und sich keine tiefen Risse im Stein befinden, kann aus fast jedem unansehnlichen und unbrauchbaren Abziehstein wieder ein vollwertiges, wertvolles Werkzeug werden. Natursteine verlieren ihren Wert nicht und sind nicht selten bare Schätze. Zum Restaurieren der alten Steine werden die Schleifflächen abgerichtet und dann die dadurch entstehenden scharfen Kanten wieder gebrochen. Wenn die Steine in einem guten Zustand sind, ist der pflegerische Aufwand kaum mehr der Rede wert. Er ist ein Bruchteil des Aufwandes, ein Messer zu schärfen.

Das Abrichten

Schleifsteine müssen plan sein. Das erleichtert die Arbeit. Es ermöglicht sogar mitunter erst die Arbeit. Ich kenne Männer mit scharfen Messern und hohlen Steinen. Das sind Ausnahmen. In diesen Fällen haben sich offensichtlich die Hohlform und der Bewegungsablauf angeglichen. Es handelt sich dann in der Regel um hartgebundene Steine, die sich nur ganz langsam abgenutzt haben. Wenn mit diesem speziellen Bewegungsablauf auf einem

Plane Fase / hohler Stein

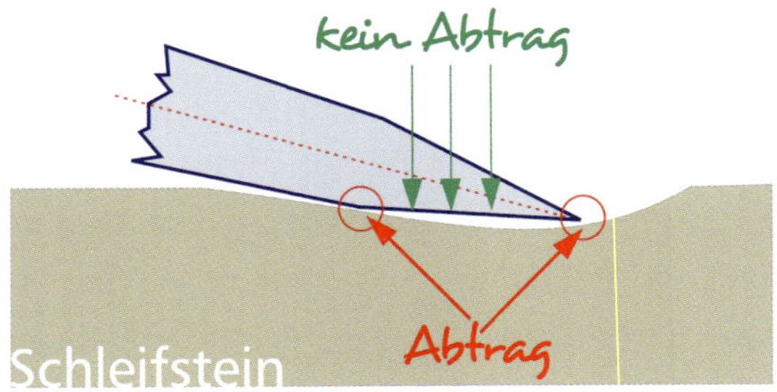

Mit hohlen Steinen (Mulde durch Abnutzung) kann man keine plane Fase schleifen!

Die Schneide kann nicht besser werden als der Stein!

planen Stein geschliffen werden soll, kommt ein anderes Schneidenprofil heraus als beim hohlen Stein. Jede Steinform bräuchte ihre eigene Bewegung. Schon bei zwei unterschiedlichen Steinen wird es eng. Bei unterschiedlichen Klingenformen wird es ebenfalls schwierig. Plane Fasenflächen kann man auf hohlen Steinen nicht schleifen. Je hohler der Stein, umso balliger der Schliff. Und dennoch könnte man die Jagdmesser darauf scharf genug bekommen. Dies wird nur schwieriger. Und man verzichtet von vornherein auf das bessere Ergebnis. Hobeleisen oder Stechbeitel, Rasiermesser oder Scandi-Klingen wird man kaum befriedigend auf hohlen Steinen hinbekommen.

Weiche Steine werden sehr viel schneller hohl als harte. Ich konnte beobachten, dass professionelle Messerschärfer nach jedem Messer mit einem Abrichtblock kurz über ihre Steine gehen.

Damit ist bereits die erste Frage geklärt: Wie oft sollte man Steine abrichten? Die Antwort lautet: Immer, wenn sie nicht mehr plan sind! Damit kann man wenig anfangen, denn nach jedem einzelnen Strich des Messers über den Stein hat Steinabtrag stattgefunden und damit eine kleine Verformung. Grundsätzlich ist es so, dass man bereits zu spät dran ist, wenn man mit bloßem Auge eine Kuhle oder gar eine Riefe im Stein sehen kann. Ich richte meine weichen Steine spätestens dann ab, wenn ich sie nach der Benutzung abwasche und bevor ich sie weglege. Selbstverständlich macht es einen Unterschied, ob die Messer nur kurz übergezogen wurden oder einen ganz neuen Schliff benötigten. Die hartgebundenen Steine werden seltener abgerichtet. Das Abrichten dieser harten Jungs ist dafür deutlich mehr Arbeit. Aus Bequemlichkeit richte ich die Steine nach jedem Gebrauch kurz ab. Dann braucht diese Tätigkeit nur wenige Sekunden. An vernachlässigten Steinen, gar, wenn sie hartgebunden waren, habe ich mir schon Muskelkater geholt. Ich finde, es ist eine stupide und schmutzige Arbeit, die keinen Spaß macht. Auch darum mein Tipp: Immer ganz selbstverständlich das Schärfen begleitend die Steine plan halten!

Abrichtwerkzeuge und -methoden

Ein Stein wird abgerichtet, indem man ihn flach über eine abtragende Fläche schleift – oder indem man eine abtragende Fläche über ihn schleift. Um ein gutes Ergebnis zu erzielen, ist es nötig, den Druck gleichmäßig über den Stein zu verteilen. Ansonsten entstehen abgerundete oder schräge Steine. Da die abtragende Schleiffläche nicht nur den Stein abträgt, sondern der Stein auch die Schleiffläche, ist es zielführend, die ganzen Flächen gleichmäßig zu nutzen und dafür gelegentlich die Steine und auch das Abrichtwerkzeug zu drehen, damit sich etwaige Führ- und Drückfehler ausgleichen.

Stein über Werkzeug oder Werkzeug über Stein? Ich erkenne keine wesentlichen Vorteile eines bestimmten Verfahrens. Nur bei der zusätzlichen Verwendung von Siliziumkarbidpulver *(siehe Seite 110)* sollte sich die größere Fläche unten befinden, damit das Pulver etwas länger zwischen den Werkstücken bleibt. Abrichtblöcke *(siehe Seite 109 f.)* haben zum Teil tiefe Rinnen, in denen das Pulver ebenfalls schnell beim Abrichten verschwindet. Hier ist es sinnvoll, den Abrichtblock oben zu führen. Bei der Verwendung von Sandpapier und Gitter *(siehe nächste und übernächste Seite)* bleibt gar nichts anderes übrig, als den Stein oben zu haben. Werden viele Klingen abgezogen, und der Stein befindet sich in einer Haltevorrichtung, wird dieser sicherlich auch nicht jedes Mal gelöst, um den Stein über das Abrichtwerkzeug zu bringen, sondern das Werkzeug wird über den in der Haltevorrichtung verbleibenden Stein gezogen.

Diamantplatte

Die einfachste, schnellste, bequemste, sauberste und leider auch teuerste Methode sei zuerst genannt: Das Abrichten der Steine mit der Diamantplatte. Diese Platte liegt mit auf dem Tisch beim Schärfen. Und immer, wenn ein Stein seine Arbeit geleistet

Diamant-Abrichtplatte, gleichzeitig sehr grober Schärf-„Stein“.

hat, ziehe ich die Platte drei, vier, fünf Mal über den Stein. Das ist alles! Diese Diamantplatten erleichtern die Angelegenheit enorm. Sie bewältigen alle Steine – harte wie weiche. Allerdings werden sie mit der Zeit stumpf. Und das ist – wie gesagt – kostspielig. Die teuren monokristallinen Platten mit der längeren Standzeit und die billigeren, schneller stumpfen polykristallinen sollten immer nass und ohne Druck verwendet werden, um ihre Lebensdauer zu erhöhen.

Diese Diamantplatten sind auch als sehr grobe Schrupp-„Steine“ zu verwenden. Ich nehme sie zudem gerne als harte und griffige Unterlage für die Abziehleder.

Sandpapier

Die billigste Methode des Abrichtens erfolgt mit Sandpapier und Glasplatte. Das gute, schwere, wasserfeste Sandpapier (nicht das einfache!) der Körnungen zwischen 80 und 150 wird auf eine plane, harte Platte gelegt. Es bieten sich hier Glas- oder Marmor-Platten wie von Fensterbrettern an. In der Regel wird empfohlen, das Papier nass zu machen, da es dann am Untergrund haftet.

Sandpapier auf Glasplatte als Abrichtgeschirr.

Man muss es dennoch mit der linken Hand festhalten. Trocken geht's auch. Dann staubt es, aber es schmiert weniger. Ich konnte keine relevanten Unterschiede ausmachen ob trocken oder nass. Der Stein wird nun auf dem Papier hin und her gescheuert. Man achtet darauf, Stein und Papier gleichmäßig zu belasten. Das Papier nutzt sich bald ab. Es wird stumpf. Man braucht mitunter mehrere Bögen.

Manch alte Hasen empfehlen, zunächst mit Körnung 80 den Stein in Form zu bringen und dann mit Körnung 150 zu glätten. Ich weiß nicht, ob das wirklich notwendig ist. Vielleicht ist es so bei ganz feinen Poliersteinen, sicher nicht bei Schrupp- und Schärfsteinen. Andere erfahrene Messerschleifer raten sogar von der Verwendung des feineren Papiers ab, weil die sich aus dem Papier lösenden, kleineren Schleif-Partikel mitunter am Stein haften bleiben und dann beim Polieren die Messer zerkratzen können. Dies soll bei gröberem Papier seltener vorkommen.

Siliziumkarbid-Abrichtgitter

Länger als das Sandpapier halten spezielle, für diesen Zweck bestimmte Siliziumkarbid-Abrichtgitter. Sie sind nicht besonders teuer und wahrscheinlich nicht teurer als die adäquate Anzahl an Sandpapierbögen.

Diese Gitter werden wie das Sandpapier auf eine harte, ebene Unterlage gelegt, und dann wird der abzurichtende Stein mit einer Hand über dieses Schleifgitter bewegt, während die andere es fixiert. Auch hier kann man trocken oder feucht arbeiten. Diese Abrichtgitter arbeiten schneller als Sandpapier.

Ich halte dieses System hinsichtlich des Ergebnisses für eine gute Lösung. Sie sollten sich allerdings vorher von der Unterlage verabschieden. Sie bekommen jede Glas- und Steinplatte mit diesen Gittern tief zerkratzt.

Siliziumkarbid-Abrichtgitter.
Man achte auf die zerkratzte Glasplatte.

Diese Methode verlangt etwas organisatorischen Aufwand. Man braucht eine Arbeitsfläche, die Glas- oder Steinunterlage. Man ist mit der Reinigung dieser Utensilien beschäftigt usw. Dagegen einfach wie mit den Diamantplatten ist das folgende Verfahren:

Abrichtblöcke / Zwei-Stein-Methode

Zum Planhalten der Abziehsteine können zwei Steine gegeneinander gerieben werden. Man benutzt dann also einen zweiten Stein anstelle von Sandpapier, Gitter oder Diamantplatte. Dies hat jedoch Nachteile: Gut funktionieren kann dies nur, wenn auch die Steine noch sehr gut sind. Es ist durchaus eine sehr schnelle, bequeme und auch schonende Methode, wenn man zwei Steine nur kurz gebraucht hat und diese dann vor dem Weglegen auch nur ganz kurz unter dem Wasserhahn aneinander abrichtet. Ist ein Stein aber deutlich hohl und der andere noch plan, so leidet der plane doch sehr unter diesem Procedere.

Abrichtblock.

Man verformt den guten mit dem schlechten, bevor sich ein einigermaßen gutes Ergebnis einstellen kann. Mir wäre es in diesem Fall um die Steine zu schade. Deshalb hat man relativ harte, grobe Steine speziell für diesen Zweck entwickelt. Diese für das Abrichten von Schärfsteinen bestimmten Steine sind die Abrichtblöcke.

Diese Siliziumkarbid-Abrichtblöcke sind die „armen Verwandten“ der Diamantabrichtplatten. Sie sind viel billiger. Die Arbeit mit ihnen ist mühsamer als mit den Diamanten. Dies spielt aber kaum eine Rolle, wenn man regelmäßig und oft abrichtet.

Nach meinem Dafürhalten kann man diese Abrichtblöcke trocken und nass verwenden.

Siliziumkarbid-Pulver

Siliziumkarbid ist ein weit verbreitetes abrasives Material. Es ist oft Bestandteil der Schärfsteine und Polierpasten. Man bekommt es in unterschiedlichen Korngrößen auch als Pulver in kleinen Kunststoffflaschen. Wenn man das Sandpapier, das Abrichtgitter oder den Abrichtstein mit diesem Pulver bestreut, erhöht man

Siliziumkarbid-Pulver.

deutlich die abtragende Wirkung. Gerade das grobe Pulver hinterlässt tiefe Kratzer im Abziehstein. Bei der unterstützenden Verwendung von Siliziumkarbid-Pulver empfiehlt es sich mitunter, die groben Kratzer mit feinem Pulver auszuschleifen, also auch hier von grob nach fein zu arbeiten.

Resümee

Die Sandpapier-Methode funktioniert sehr gut. Dennoch praktiziere ich sie nicht mehr. Sie ist mir zu aufwendig. Ähnlich verhält es sich mit dem ebenfalls gut funktionierenden Abrichtgitter. Auch versuche ich, die Steine nie so lange zu vernachlässigen, bis ich Siliziumkarbidpulver brauchen könnte. Ich möchte die gerade genutzten Steine beim Reinigen unter dem Wasserhahn „nur einmal schnell nebenbei" mit wenigen Handgriffen wieder perfekt haben, um sie dann ohne weiteren Aufwand beim nächsten Mal nutzen zu können. Und deshalb bevorzuge ich die Zwei-Steine- bzw. Abrichtblock- oder Diamantplatten-Methode.

Wie erkennt man, dass man mit dem Abrichten fertig ist?

Bei den meisten Steinen und den meisten Abrichtmethoden sieht man, wo der Steinabtrag stattfindet. Die Steine sind an der beschliffenen Kontaktstelle zum Abrichtwerkzeug häufig heller. Die dunklen Anteile sind demnach die Kuhlen.

Dunkle Flächen auf dem Stein während des Abrichtens.

Während des Abrichtens orientiert man sich an diesem durch den Schleifvorgang hervorgerufenen Farbunterschied. Er verrät einem, ob man den Stein einseitig beim Abrichten auf den Abrichtblock drückt und damit auf Dauer einen schiefen Stein bekommt, und ob man bereits am Grund der Aushöhlungen angekommen ist. Man ist fertig mit dem Abrichten, wenn die gleichmäßige Färbung des Steines signalisiert, dass die ganze Oberfläche beschliffen ist.

Wenn dieser Farbunterschied nicht markant genug ist, kann man mit einem Bleistift die Schleiffläche des Steines bemalen.

Siehe Foto rechte Seite!

Werden die Bleistiftstriche auf der gesamten Fläche des Steines durch das Abrichten abgetragen, ist man fertig.

Bleistiftbemalung zur Orientierung beim Abrichten.

Noch ist der Stein nicht plan.

Wenn man nach jeder Nutzung die Steine „automatisch" kurz abrichtet, wird man sich kaum die Mühe machen müssen, Bleistiftstriche zu ziehen.

Das Wässern der Steine

Wassersteine brauchen Wasser. Einige Steine brauchen viel Wasser. Sie legt man vor dem Schleifen in ein Wasserbad und wartet, bis sie sich vollgesaugt haben. Bei einigen Steinen wartet man, bis keine Luftblasen mehr austreten, andere werden zehn bis fünfzehn Minuten vorgewässert. Wieder andere Steine muss man nur kurz mit Wasser benetzen. Sie sind zu dicht, um Wasser aufzunehmen. Es gibt Steine, die man im Wasser lagern kann. Man hat sie auf diese Weise sofort einsatzbereit. Dann empfehle es sich, ein Desinfektionsmittel zuzugeben, um das Wasser klar und sauber zu halten. Und wieder andere Steine zerstört man durch zu viel Wasser und die Lagerung im Wasser. Die pauschale Empfehlung, die Wassersteine im Wasser zu lagern, ist also falsch. Man erkundige sich eventuell beim Hersteller, lese sich die Gebrauchsanweisungen aufmerksam durch und lagere die Steine im Zweifelsfalle trocken und kühl. Heizungsluft kann schädlich sein. Frost kann die Steine sprengen.

Das Fixieren der Steine

Die Steine dürfen beim Schleifen der Messer nicht kippeln und nicht verrutschen. Es wirken allerdings beim Schleifen und Abziehen der Messer keine großen, verschiebenden Kräfte auf die Steine. Es gibt Steine, die bereits auf ein Kunststoff-Unterteil geklebt sind und Gummifüßchen haben. Es gibt anschraubbare Haltesysteme mit Gummifüßchen. Manche Tischler haben ihre Steine auf einem Brett mit passgerechter Vertiefung von wenigen Millimetern. Dieses Brett spannen sie ein, oder es hat lediglich unten eine kleine Querleiste, welche vorne an der Tischkante anliegt und das Verschieben verhindert.

Mitunter reicht eine einfache, handelsübliche Anti-Rutsch-Unterlage. Auch ein einfacher dünner Schwammlappen tut seinen Dienst. Ich habe mich an eine Eigenkonstruktion aus einer ehemaligen Winkelzwinge gewöhnt. Sie bietet mir den Komfort, etwas mehr Platz unterhalb der Steinebene zu haben. Mein Bewegungsablauf würde durch die Tischplatte etwas gestört, wenn der Stein zu wenig Erhöhung ohne den Steinhalter hätte.

Steinhalter.

XII.
Abziehleder

Das Abziehleder muss hartes Leder sein, um den „Kopfkissen-Effekt" *(siehe Seite 100ff.)* kleinzuhalten. Rindsleder hat sich bewährt. Die blanke Oberseite, die Narbenseite, wird genutzt, nicht die weiche Fleischseite. Die Fleischseite kann höchstens genutzt werden, um den Klingenspiegel (wegen des Kopfkissen-Effektes vor dem Schärfen!) zu polieren.

Rauigkeiten der Fase bleiben am Leder hängen und werden durch die Abziehbewegung abgerissen und abgebrochen. Dies macht einen Poliereffekt. Schärfkristalle erhöhen den Effekt. Sie drücken sich ins Leder, betten sich hier tief ein und schneiden mit ihren aus dem Leder herausragenden Anteilen die „Gipfel und Höhenzüge" der mikroskopischen Gebirgslandschaft des Stahls ab. Der Stahl wird glatter. Wir brauchen also die Schärfkristalle an der Oberfläche des Leders. Wir brauchen sie auch

Abziehriemen, Stoßleder.

nur dort. Es gibt Schärfmethoden, die nur Schärfkristalle auf harten und glatten Oberflächen nutzen.

Die Herstellung des Abziehriemens ist eine einfache Angelegenheit. Man muss abrasive Partikel auf einen Riemen bringen. Abrasive Partikel sind beispielsweise Diamant, Aluminiumoxid (Korund), Siliziumkarbid. Sie sind erhältlich in Flüssigkeit gelöst (geringe Konzentration) oder pastenartig (in Spritzen). Sie sind in Pulverform wie die Farbpigmente Chromoxid und Eisenoxid (z.B. zum Färben von Beton), wachsartig als Schleifblöcke, als Ölmalfarbe (Acrylfarbe ist ungeeignet) wie Chromoxidgrünstumpf oder Eisenoxidrot. Es gibt zahlreiche fertige Polier- und Abziehpasten. Die diamanthaltigen Produkte werden als etwas unberechenbar oder zu gering konzentriert kritisiert. Hier hat sich in letzter Zeit jedoch viel getan. Diese Produkte sind sehr gut, sehr teuer und nicht sehr nötig. Das graue Siliziumkarbid hat sich sehr bewährt. Für das grüne Chromoxid gilt dasselbe. Dessen Korngröße ist noch brauchbar für sehr feinkörnige Stähle. Das rote Eisenoxid ist schon zu fein für unsere Zwecke und ist eher für Rasier- und Mikrotom-Messer geeignet. Ich nutze Eisenoxid-Riemen und unbehandeltes Leder dennoch gerne aus Freude an maximaler Schärfe. Der Unterschied vom Siliziumkarbid-Riemen zum blanken Leder ist spürbar. Aber dies dient nicht mehr dem praktischen Vorankommen im Jagdbetrieb – zugegeben.

Nicht jedes Leder hat sich bewährt. Weiches Wildleder ist ungeeignet. Blankes Rindsleder ist das Richtige. Es muss für unsere relativ groben Jagdmesser nicht das feine Juchtenleder sein. Das Leder sollte vor dem Auftragen der Schleifpartikel präpariert werden. Dazu sollte man zunächst mit sauberen Händen die glatte Lederoberfläche gründlich abreiben. Bei manchem Leder werden die Handflächen dadurch staubig. Man entfernt

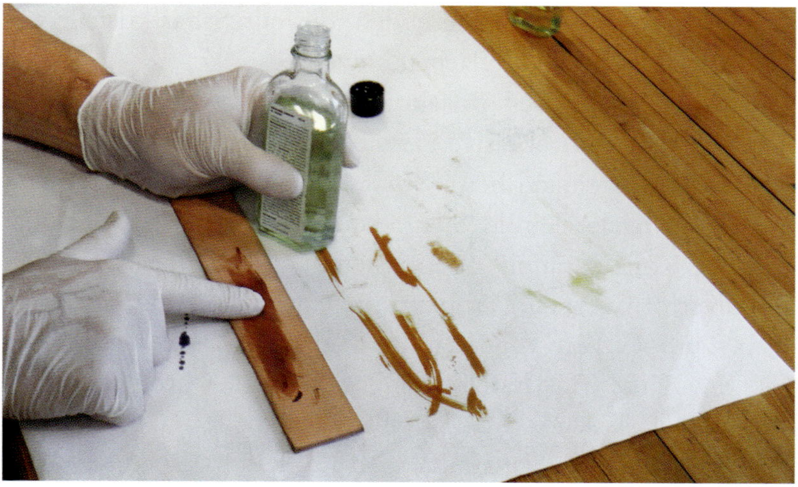

Leder dünn einölen.

also Lederstaub, der ansonsten Klumpen mit der Schleifpaste bilden könnte.

Dann sollte das Leder leicht eingeölt werden. Aber Vorsicht: es sollte sehr wenig Öl sein. Das Öl darf nicht auf dem Leder stehen. Es reicht, wenn man mit einem gut geölten Lappen den Riemen so weit abreibt, dass er sich gerade ein wenig dunkel verfärbt. Zu viel Öl macht das Leder zu weich, lässt es aufquellen und drückt sich beim Abziehen wieder aus den Poren. Dieser Riemen wäre unbrauchbar. Als Lederöl hat sich das Kamelienöl bewährt, aber auch das bekannte Waffenöl und Lederpflegemittel ist gut. Kenner schwören auf ein fischölhaltiges, besonders feines Lederöl. Ich glaube nicht, dass man hier sehr wählerisch sein muss.

Nach dem Einziehen des Öls reibt und massiert man die Schleifpaste, das Pulver oder Wachs in das Leder und lässt es einziehen. Die Lederfläche sollte komplett dünn bedeckt sein. Nach mehrstündiger Einziehphase drückt man die Substanzen

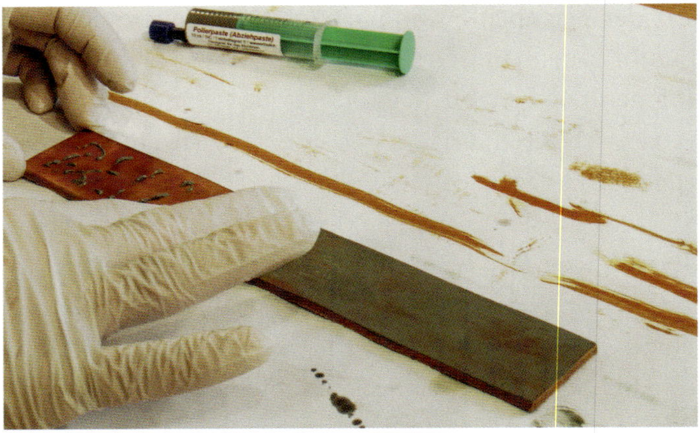

Paste deckend verstreichen, nach Einziehphase ...

... Paste eindrücken.

noch weiter in die Oberfläche, indem man kraftvoll mit einem schweren, geraden Messer so über den Riemen streicht, als wolle man sehr harte Butter schmieren.

Nun noch ein paar praktische Tipps:

Die Farbpigmente färben sehr gut! Das Arbeiten mit ihnen zieht schnell die Renovierung von Fußböden nach sich. Flecken im Holz der Tischplatte sind bleibende Andenken. Gute Unterlagen und Einmalhandschuhe könnten Ärger vermeiden helfen. Das Pigmentpulver trägt man am bequemsten auf, indem man den behandschuhten Zeigefinger an einem getränkten Tuch mit Öl benetzt und dann auf das Pulver drückt. Man stellt sich also eine Pulver-Öl-Mixtur am Handschuh her. So lässt sich dann mit dem Finger das Leder bestreichen und einfärben. Noch besser funktioniert es, wenn man etwas Pulver auf den Riemen streut und es dann mit einem Öllappen verreibt. Diese zweite von mir bevorzugte Methode verlangt mehr Vorsicht. Schnell hat man mit einem Zipfel des Lappens ein Körnchen Pigment vom Tisch gewischt, und die künstlerische Farbgestaltung der Möbel und Böden nimmt ihren Lauf.

Die grünen Chromoxid-Leder sind sehr lange zu verwenden. Die grauen Siliziumkarbid-Riemen nicht. Wenn man spürt, dass sie beim Abziehen nicht mehr wie am Anfang greifen, sollte man sie mit wenig Öl abreiben und erneut mit der gleichen abrasiven Substanz bestücken.

Die Lederriemen sind nässeempfindlich. Es hat sich sehr bewährt, diese im Rucksack in kleinen wiederverschließbaren Gefrierbeuteln aufzubewahren.

XIII.
Das Prüfen der Schärfe

Das Prüfen der Schärfe ist das Feedback für die Schärf-Bemühungen und zeigt, ob man richtig und gut gearbeitet hat. Das ist aber nur die halbe Wahrheit. Mir macht Schärfe einfach Freude. Ich könnte viel mehr mit scharfen Klingen „schnippeln", als es die Prüfung verlangt. Ein schönes Gefühl, wenn die Zeitung mit leichter Hand und kaum spürbarer Berührung mit der Klinge zerfällt. Anderen geht es nicht anders. Ich musste auf das Lesen von manchem zu früh der Schärfeprüfung anheimgefallenen Zeitungsartikel verzichten und habe viel häufiger fein geschnittene Tomaten gegessen, als mir der Appetit vorgab. Vielleicht erleben Sie diese Kinderei auch.

Unterarmhaare

Wenn man sich die Haare der Unterarme rasieren kann, ist das Messer für jagdliche Zwecke scharf genug. Es gibt Klingen, mit denen man nur in eine Richtung die Haare abschneiden kann.

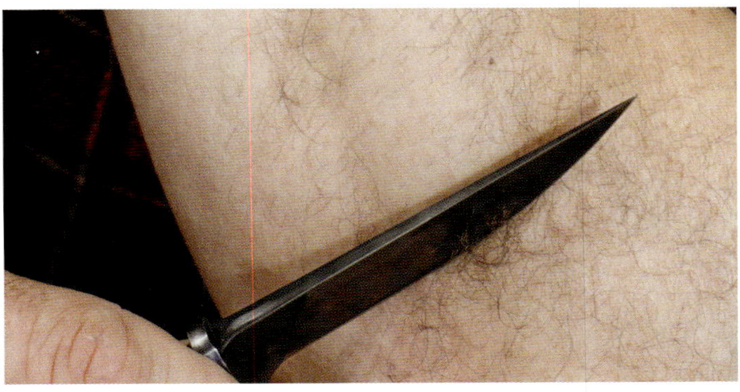

Scharf genug!

Andere rasieren mit und gegen den Strich. Manche Messer muss man mehrfach ansetzen und den Druck erhöhen. Andere kappen das Haar bereits bei Berührung. Sie wischen die Haare vom Unterarm, als wären sie nicht angewachsen und lägen nur lose auf der Haut.

Man merkt beim Aufbrechen durchaus diese Schärfe-Unterschiede unter den „Rasiermessern". Die ganz scharfen führen sich leichter. Aber die „Gerade-so-eben-Rasierer" sollten für den Anfang reichen.

Nackenhaare

Gar nicht so schlecht ist die Prüfmethode, sich das Messer auf die Hinterkopfhaare zu stellen. Ein stumpfes Messer rutscht ab. Ein scharfes beißt sich fest.

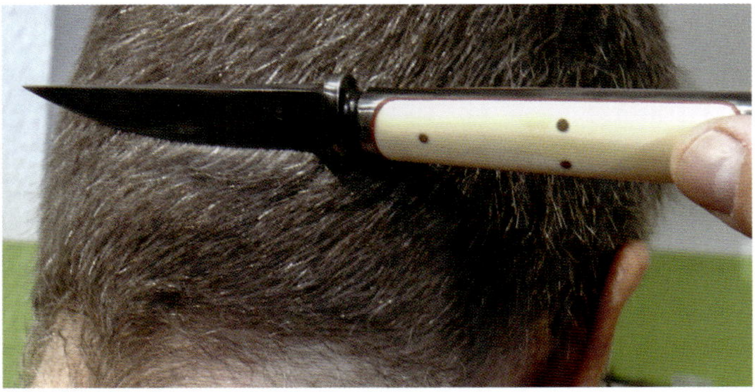

Schnelle Schärfeprüfung.

Papier

Der Klassiker ist der Papierschnitt-Test: In Faserrichtung geschnitten, quer zur Faser, Bögen schneiden, durch gerolltes Papier, langsam, schnell, geschlagen, ganze Zeitschriften oder sogar Kataloge auf ein Mal.

Freier Schnitt durch stehendes Papier. Schon recht anspruchsvoll!

Oder man stellt ein geknicktes Papier frei auf und schneidet es nah oder fern vom Knick, langsam oder schnell. Wenn man dieses frei stehende Papier von oben nach unten zerschneiden kann, ohne dass die Konstruktion einknickt oder umfällt, ist das Messer sehr scharf.

Tomate

Es werden auf dieser Welt Tonnen von Tomaten massakriert worden sein, um die Schärfe von Messern zu prüfen. Wenn die Tomate frei auf dem Tisch liegt und man ihr mit einem waagerechten Schnitt am oberen Pol den „Deckel“ abschneiden kann,

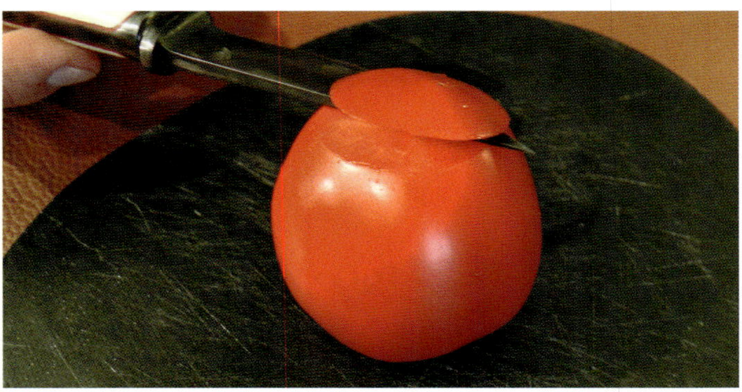

Die Tomate, das Lieblingsopfer der Messerschärfer.

ohne sie dabei auf der Tischplatte zu verschieben, ist das Messer sehr scharf. Noch eindrucksvoller: Man lässt die Tomate auf die unter ihr stehende Schneide fallen. Bei superscharfen Messern mit dünnen Klingen und langen Fasen wie bei japanischen Küchenmessern kann man erreichen, dass die Tomate durch die Klinge fällt, dabei zerteilt wird und kaum ihre Flugbahn ändert. Mit Jagdmessern ist dies in der Regel nicht zu schaffen, da sie zu starke Klingen haben. Aber einen vollkommen unangestrengten kompletten Schnitt ohne jeglichen Druck können wir verlangen.

Klopapier

Meine Lieblingsmethode zum Testen der Messerschärfe braucht Klopapier. Es ist zusammengeknäuelt auf Haselnussgröße recht schwer zu schneiden. Auch eine schon ziemlich scharfe, schon rasierende Klinge drückt das Knäuel mehr oder weniger tief ein, bevor sie schneidet. Eine scharfe Klinge komprimiert kaum und schneidet sofort. Je kraftvoller man das Zellstoffblatt zu einer kleinen Kugel geformt hat, je kleiner also diese Papierkugel ist, umso leichter ist sie zu zerschneiden. Die nur locker geformte Kugel kann nur von sehr scharfen Klingen zerschnitten werden. Die Verformung der Kugel beim Schneidversuch und die Ein-

Klopapierschnitt.

schneidtiefe sagen sehr viel aus. Zudem hat man schneller das Papier zur Hand als die Unterarmhaare nachwachsen.

Irgendwann hört man auf, die Schärfe des Messers jedes Mal zu prüfen. Man weiß dann nach dem Abziehen, dass die Klinge scharf genug ist.

Was wir nicht verlangen

Die Tomate muss nicht durch die Klinge fallen. Dafür reicht, wie gesagt, die Klingengeometrie der Jagdmesser auch nicht aus. Auch die sogenannte Haarprobe, bei der ein Haar, das man zwischen den Fingern hält, in einem halben Zentimeter Abstand von den Fingern sich nicht durch den Schneidendruck verbiegt, sondern durchgeschnitten wird, ist gar nicht nötig, sogar eher störend. Dies gilt auch für das tatsächliche Haarespalten. Auch muss hängendes Klopapier nicht zerschnitten werden können. Hier reicht auch oftmals der Stahl einfach nicht aus.

Wer jedoch Freude am Messerschärfen gefunden hat und das Maximale sucht, landet bei seinen Recherchen in der Nassrasierer-Szene. Hier spielen nun Dinge eine Rolle, welche die Ansprüche des Jägers übersteigen. Hier werden Schneiden mikroskopiert – sogar mit Elektronenmikroskopen –, hier werden Lederriemen mit Schleifpasten zu grob, hier wird der Schleifschlamm beim Endabzug abgenommen, und es wird nur noch mit Wasser gearbeitet, hier geht es darum, dass sich der hauchfeine Grat in „Molekülstärke" wieder aufrichten kann, und so weiter. Diese Rasierklingen sind für den Jagdbetrieb viel zu empfindlich. Mit ihnen können wir nichts anfangen.

Aber vielleicht könnte man es einmal ausprobieren, ob man diese Schärfe auch hinbekommt…?

Also:

– Schneeschieberbewegung gegen den Stein.

– Schleifwinkel (zwischen Klinge und Stein) etwa 15 Grad.

– Zunächst langsam arbeiten und Klinge vor allem bei den Richtungswechseln beobachten.

– Schleifschlamm ist wichtig!

– Immer erst einen kleinen Grat erzeugen, bevor Seite oder Stein gewechselt werden.

– Jede Fasenseite nur ein Mal pro Stein bis zur Entstehung des Grates bearbeiten.

– Durch Wechsel auf feineren Stein den Grat verkleinern. Grober Stein heißt mehr Druck, feiner Stein heißt wenig Druck.

– Druck macht Abtrag / Geschwindigkeit.

– Kein Druck nimmt Grat / macht Schärfe. Zum Schluss nur noch „hauchen"!

– Auch wenn nach feinstem Stein ein Grat kaum noch zu spüren ist: Leder (mit Polierpaste) macht noch viel schärfer.

– Auf dem Leder die Fasenseite oft / mit jedem Strich wechseln.

– Lederriemen nutzen: wie Brote mit weicher Butter schmieren.

– Leder: wenig / ohne Druck.

Dank

Seit vierzig Jahren bemühe ich mich um scharfe Messer. Es fing mit einem groben Sensenwetzstein an. Es kamen harte Steine, weiche Steine, durchschritt eine Phase der Schärfgeräte, Wetzstähle und Schärfstative. Auch Bandschleifer und Polierscheiben waren mit von der Partie. Die Reise endete wieder bei den Steinen und Lederriemen mit Polierpasten. Meine Messer waren immer „ziemlich" scharf. Mehr nicht. Gelegentlich wollten die Klingen nicht gut scharf werden. Es fehlten ein paar wichtige Bausteine. Diese fand ich auf den Internet-Seiten von Leonhard Ullrich. Unsere Erfahrungen decken sich zwar nicht in allen Bereichen, dennoch darf ich behaupten: Dieses Ihnen hier vorliegende Buch hätte es ohne seine Inspirationen nicht gegeben.

Leonhard Ullrich, ich danke Ihnen!